我能拯救地球

主编／赵敏舒

50件关于节约能源的小事

60

天津科学技术出版社

图书在版编目（ＣＩＰ）数据

50件关于节约能源的小事 / 赵敏舒主编. -- 天津：
天津科学技术出版社，2010.12
（我能拯救地球）
ISBN 978-7-5308-5990-2

I. ①5… II. ①赵… III. ①节能—青少年读物
IV.①TK01-49

中国版本图书馆CIP数据核字（2010）第232402号

策划编辑：郑东红
责任编辑：张　跃
责任印制：王　莹

天津科学技术出版社出版
出版人：蔡　颢
天津市西康路35号　　邮编：300051
电话(022) 23332399 （编辑室）（022) 23332393 （发行部）
网址：www.tjkjcbs.com.cn
新华书店经销
北京市北关闸印刷厂印刷

开本　787×1092　1/16　　印张　12　　字数　50 000
2011年1月第1版第1次印刷
定价：29.80元

践行环保，从这一秒开始

告急！告急！地球母亲告急，她已不堪重负，气喘吁吁了。

酸雨污染、温室效应、臭氧层破坏、土地沙漠化、森林面积锐减、物种灭绝、垃圾成灾、水土流失、大气污染、水资源短缺等等，一系列环境问题，让昔日一颗美丽的蓝色星球如今已满面疮痍，伤痕累累了。环保与节能势在必行，你我他每个人都要积极行动起来，保护我们共同的家。不要认为环保是个大课题，一个人的力量微不足道，请记住：环保无小事，一切从我做起，每个人都是能拯救地球的其中一人。

有了使命感，我们还要了解自己应当怎样拯救地球。如何节约和回收各种能源？如何保护植物？如何保护动物？如何保护天空？如何阻止全球变暖？怎样的生活方式才能称得上"绿色生活"？自己平常无意间的哪些行为是不环保的，甚至还给环境造成了损害。上述所有问题的答案都在《我能拯救地球》中，它为每一个环保小卫士指明了道路。丛书共分 10 册，

分门别类地从十个方面介绍我们可举手之劳尽行环保。节能环保，生活中的点点滴滴，举手之劳，尽力而为。我们是 24 小时环保主义者，肩负着拯救地球、延续文明的重任。

践行环保，从这一秒开始。环保的重要性，其实每个人都知道并且也支持，但就是行动上力度不够，其中原因诸多，但不外乎未养成习惯及从众心理作祟等。随着节约型社会的到来，节约，不只是经济行为，更是一种环保时尚。谁不节约谁可耻！我们有一千种理由保护环境，却没有一条理由破坏我们生存的家园，请不要轻置每一个行为。

很久以前的大自然是我们不知道的样子，很美；现在的大自然是我们熟悉的样子，但不亲切。希望某天一早醒来，能够再拥有那样一个只在雨后才能呼吸到的清新空气，远远的有鸟儿的啁啾，望尽远处近处，满眼的绿。未来社会的面貌取决于今天人们所做的一切，绿色环保之路任重道远。

目录

Contents

目录

Contents

我们是节约的传道者

同学们，你们喜欢看历史故事吗？在古代有很多为了自己心中的理念，奔走求学或四处传道的僧人，人们称他们是传道士，他们虔诚地信守心中的"神明"，竭尽全力去传道，希望能够超度众生。今天，我们要做节约能源的传道者，竭尽全力地宣传节能理念，让身边的人意识到能源的紧缺，以及节约能源势在必行。

▲ 做环保的传道者

① 节约的传道者

好的思想可以正确地引导行为，只有在学习了一些知识，明白了一些道理以后，才会正确地判断出一些行为的对与错，由此可见知识的重要性。孔子曰：人不知而不愠，所谓无知者无罪，我们不能去批评一个没受过教育的学龄前小孩不注重环保，而是首先要告诉他资源的重要性，以及浪费资源将给我们带来多大的坏处，让他自觉地认识到：浪费资源是可耻的行为，他就会自觉地注意节约

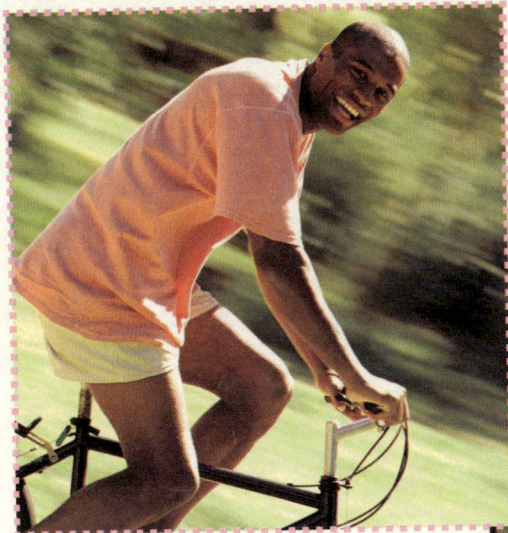

资源了。因此，我们要让所有的人都知道节约是美德，而浪费是可耻的行为。做好思想的宣传，让大家自觉遵守节约原则。

◀ 环保出行   ▼ 铺张浪费不可取

② 传播的小喇叭

在学校里我们学会了要节约能源，反对铺张浪费。这是老师教给我们的，可是中国还有成千上万的贫困区儿童没有求学的机会，还有那些在年轻时失去求学机会的老年人。走出校园后，我们要把学到的这些思想传播给那些还没有认识到节约能源的人们。比如楼下的老爷爷老奶奶，还没有上学的小弟弟小妹妹们，有机会的话我们还可以去偏远的山区，给那些上不起学，念不起书的小伙伴们传授一些环保的小常识，让他们和我们一样成为地球的小卫士，让我们一起爱护我们共同的家园。

做保护地球的小主人

你拍一，我拍一。美化家园不迟疑；

你拍二，我拍二。捡纸和捡塑料袋；

你拍三，我拍三。避免垃圾堆成山；

你拍四，我拍四。教育别人在其次；

你拍五，我拍五。做好榜样别怕苦；

你拍六，我拍六。大家劲往一块凑；

你拍七，我拍七。把握现在好时机；

你拍八，我拍八。保护环境靠大家；

你拍九，我拍九。造福社会才持久；

你拍十，我拍十。回收废纸和电池。

节约能源，从我做起！让我们做尽职尽力的小公民，为公益事业、节约能源贡献出我们的力量，让我们一起爱护我们的家园，同心共建更富强的祖国。

我们是节约的传道者，我们是地球的环保小卫士，我们是爱护资源、节约资源的小天使！

▼ 雄壮的山河

保护环境，
争做地球小主人

不知从什么时候开始，地球变得越来越美丽了，蓝宝石般的肤色使她成为太阳系中最美丽的一颗行星。她不停地转动着，身边的一切也在随之不停地转变。又不知从什么时候起她身边出现了一群化妆师——人类。起初，人类只是在地球的身上零星地点缀些房屋，理理地球那多年无人打理的毛发，让地球看上去更加美丽，更加精神。化妆师们认为这样给地球打扮不妥，地球还是那个老样子，并未达到让人耳目一新的效果。于是，他们开始对地球进行大规模的整容行动。

▲ 做个环保小·卫士

首先，化妆师们的对象还是地球那"郁郁葱葱"的毛发。他们认为头发过多会影响视觉效果，再者地球的毛发是很好的建筑材料，于是，他们想出了一个一箭双雕的办法，就是给地球理一个碎发，越碎越好，有可能理出一个碎得不能再碎的发型——"三毛"。若是一不小心将那三根毛弄掉的话，就可能变成秃山了。所以说，化妆师们也不知道地球是否有可能被他们理成光头。他们接受记者采访时却说："我们的目的是让她的发型变得前卫，怎么会给她理光头呢？"为了获取大量的木材，为了让地球的发型更加前卫，他们马上破土动工。殊不知，按他们的计划发展下去，地球将变成一个大光头。于是，他们请来了很多伐木工人和搬运工，将伐好的树木全都搬往他们已经规划好的地方进行建房大行动。当一幢幢楼房拔地而起时，地球确实变得越来越美丽，发型也变得越来越前卫了，化妆师们也越来越感觉到自己的伟大。他们认为他们大胆的设计是成功的。于是他们让伐木工人进行掠夺性的开发，让建筑师们疯狂地建房。本来生活得悠闲自在的地球不再觉得自己活得轻松。机器们没日没夜的吼叫让地球感到心烦意乱，建筑时飞扬的尘土让地球喘不过气来。于是，地球开始悲伤，开始流泪，泪水淹没了很多的城市。但化妆师们不理会这些，他们只是一个劲地干他们的。他们不但要给地球理头发、做衣服，还要给她"涂脂抹粉"。本来

▼ 光秃秃的山

碧蓝剔透的脸蛋，被他们的脂粉一弄，变得浑浊粗糙起来。不仅如此，他们还给她抹上一层厚厚的油彩。地球并没有因为他们的打扮而变得更加美丽，相反，她失去了以前的清纯。她再也忍受不了了，她开始发怒，她呼啸，她流泪。

当化妆师们被地球的泪水冲到老远时，才明白她们给地球的妆太浓了，浓得让地球快要停止呼吸了。他们意识到自己不是在装扮地球，而是在折磨地球，并且他们并未使地球因他们的存在而焕发出更迷人的色彩。化妆师们在给地球卸妆的同时也呼吁人们要追求自然美、健康美，保护我们地球的原生态美。我们要努力做到：

1.不随地吐痰；

2.保护地球上的生物；

3.用完水及时关闭水龙头；

4.用多种花、草、树木把地球打扮得更漂亮；

5.保护臭氧层；

6.不随便丢垃圾；

7.垃圾分类。

化妆师们开始为地球卸妆。人们忙着为地球清洁皮肤，梳理毛发。好在人们的醒悟还不算太迟，卸了妆的地球又充满了朝气，洋溢着一脸的轻松。豪华落尽见真实，地球又像以前一样悠闲自在地转动了。

▲ 用繁花绿树装点地球

教你几招
家电节能方法

1 电冰箱

你或许不知道，只轻易开一次冰箱，冷空气逸散，压缩机就得多运转数十分钟，才能恢复冷藏温度，而这也正是每月消耗约5千瓦时电力的原因之一。因此请注意：

1.冰箱不要放在瓦斯炉等发热器具旁，或太阳照到的地方，当冰箱周围温度提高10℃时，冰箱耗电量就会增加10%~20%。

2.冰箱背面与壁面应保持10厘米以上的距离，以有较佳的散热效果与运转效率。

▲ 电冰箱

3.为保持冷藏效果，储存物应只放八分满，以使冰箱内冷度均匀。

4.应待食物冷却降温后再放入冰箱，以免浪费冷能。

5.门缝垫圈损坏应及时修复，以防止冷气泄漏，增加耗电。

6.减少开门次数与缩短开门时间，可降低耗能。

7.一般使用情况下，温度调节于"适冷"位置，不要长时间置在"强冷"或"急冷"，而增加耗电。

8.经常清理冰箱内部，冷却蛇管及散热网更须定期清洁，以保持较好的热交换效果。

2 空调

1.温度设定以28℃为宜。温度设定值每提高10℃就可省下6%的电。

2.空气滤网每二至三周清洗一次，以有较好的运转效率。

▲ 空调

3.空调尽量安装于不受日光直射的地方，并应加装遮阳篷，避免日晒雨淋，减损机器寿命。

4.冷气开放时为防止阳光直射屋内，增加冷气机耗电量，应装设遮阳篷或窗帘。且避免使用电炉等发热器具。

5.不用时，应养成随手关电源的习惯。

6.应选用相对节能的产品。

7.依房间大小选择适当容量的机器。

8.分体式空调配管要短，弯曲半径要大，避免效率降低。

9.配合电扇使用，将室内冷空气加速循环，冷气分布均匀，可无须降低设定温度，而达到较佳的冷气效果。

3 电视机

首先要控制音量的大小，音量越大，耗电越多。其次要控制电视机的亮度，彩电在最亮和最暗时耗电功率相差60瓦。再次，最好给电视机加上防尘罩，因为夏季机器温度更高，机内极易进入灰尘。机内灰尘太多就可能造成漏电，增大耗电量。不看电视时最好关闭总电源开关。

▲ 电视机

4 电饭煲

1.使用时，电饭煲上盖一条毛巾，可以减少热量损失。

2.当米汤沸腾后，将按键抬起利用电热盘的余热将米汤蒸干，再按下按键，焖15分钟即可食用。当然，为减少对开关接触点的磨损也可采用拔下电源插头或加装刀闸开关等办法。

3.电饭煲用完后，一定要拔下电源插头，不然锅内温度下降到70度以下时，它会断断续续地自动通电，这样既费电又会缩短电饭煲的使用寿命。

4.有些人认为用功率小的电饭煲省电，其实不然，蒸同量的米饭，700瓦的电饭煲比500瓦的电饭煲要大大节省时间，因此，700瓦的电饭煲更省电。

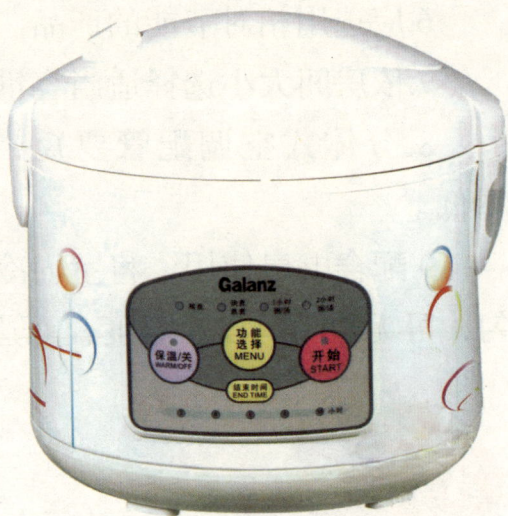
▲ 电饭煲

5 电熨斗

1.熨衣物时使用适当的温度。

2.无需整熨所有衣物，毛巾、内衣可以免熨，T恤衫、夹克衫等不必整熨。

▲ 电熨斗

我是"爱本"族

我们都知道节约能源要从小做起，从身边的小事做起，那平时都能做哪些力所能及的小事来节约能源呢？节约用水、节约用电、节约用纸……还有节约用纸的好方法吗？今天在这里教给大家一招。

节约纸张，拯救地球

① 不要随手扔本

新学期开始，大家都会按照老师的要求买很多作业本。那些不同大小，不同薄厚，不同色彩，再配上一些个性的花书皮的漂亮本子让我们爱不释手，迫不及待地等着老师布置作业，感受一下在这些漂亮的本本上写字是什么样的感觉，一定很舒服。可是一学期结束以后，作业本往往还会剩下几张没有用完。经过我们"蹂躏"的作业本，早就没有了往日的魅力。皮也破了，里面的纸张也有卷角的了。这个时候我们总是习惯性地将它连同用过的纸张扔在一起，懒得多看一眼，或者又开始喜新厌旧地盯上另一个新本，当你在做这个动作的时候，请注意！你正在浪费宝贵的纸资源。那我们该怎么做呢？

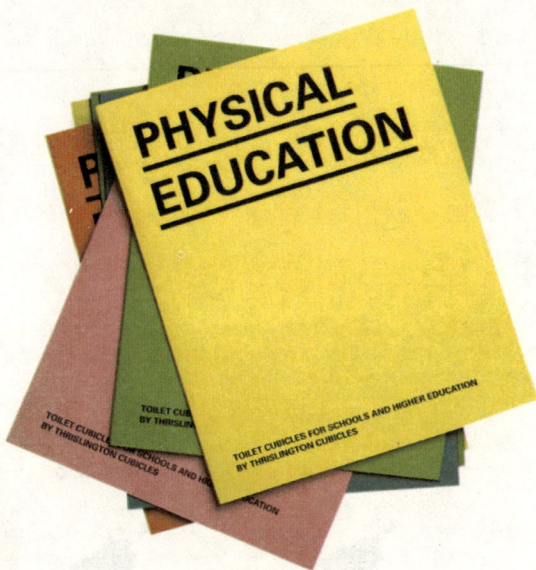

▲ 纸张在减少

2 装订剩余的作业本

我们应该怎样节约纸资源呢？把剩余的纸张撕下来，再用订书器将所有剩余的纸张订在一起，然后选一些漂亮的包装纸做它的封皮，或者可以自己在白纸上画上美丽的图画，哪怕是信手涂鸦，这样又有一个新的作业本了。经过自己的悉心制作，你一定会觉得它比买来的本子更漂亮，更有吸引力，这是你节约用纸的见证，也是你心与手共同创作凝聚成的结晶。

3 我的演算纸

　　还有些同学，习惯性地用白纸来做演算纸，大笔一挥几个加减法就用去一张纸，这也是"爱本"一族不能"容忍"的。我们知道，白纸的作用很多，可以用它画画，可以把它装订成崭新的作业本，而平时用来做演算的草纸，我们没必要浪费那么好的纸张，完全可以把作业本剩余的、看起来不完整或者不算太好的纸张攒起来当演算纸，而且即便是演算纸也要注意节约利用，不要几个大字还留着很大的空白，就草草地结束了那张纸的生命。你可以试着把字缩小到适当的大小，而且演算的时候不要抓过来随手就写，尽量一个一个来写，这样就可以省下很多空隙，节省很多空余。让每一页纸都发挥它的用途，得到充分的利用。

　　生活中一点一滴的小事都可能节省很多的资源，只要你用心去观察，用心去节约，你就会成为最可爱的能源的守卫者，我们爱本一族的口号是："节约纸张，从我做起！"

纸来自树木 ▶

一纸多用

同学们，你们能说出纸的几种用途吗？节约纸资源要从了解纸的用途着手，只有我们明白了纸的用途，掌握一些使用的方法或者正确的选择使用纸的途径，我们才可以更好、更合理地节约纸资源，做到一纸多用。

▲ 纸张的严重浪费

1 纸的分类

▲ 报纸

我们常见的纸都有哪些种呢？做作业用的白纸，画画用的宣纸，爷爷看的报纸，吃饭时候桌子上的餐巾纸，化妆后用的吸油纸，会计做账时的复写纸等等。纸的种类很多，不同种类的纸在不同的"领域"充当着不同的角色，发挥着它们的作用。

② 纸的作用

有的同学说，纸的作用当然是写字了，我们平时用的作业纸，便笺纸啊，复写纸啊，写毛笔字的宣纸，不都是往上面写字的吗？哦，还有考试时候的演算纸。太多例子了……有的同学说：纸是用来画画的，我们画简笔画的白纸，人体素描是专业的素描纸；还有的同学说：纸是用来擦脏东西的，饭店里面的餐巾纸，卫生间的卫生纸，包括包包里随身携带的湿纸巾，它们都起到了清洁的作用。不错，纸还可以用来做手工，丰富我们的课余生活，那你们有没有考虑过，我们应该如何节约这宝贵的纸资源，避免能源的浪费呢？

▲ 珍惜资源

③ 如何节约用纸

1.我们的家里一定有很多报纸，看过以后我们都把它们堆在一起扔了，或者是卖废纸。其实我们可以在看过的报纸上练毛笔字或者是画笔墨画，让它们得到二次利用。

2.交作业用过的作业本，我们可以把它的背面当演算

▲ 面巾纸

▲ 请爱护我们的自然

纸，在写字的时候注意不要把字写得很大，龙飞凤舞的，工整合理地安排纸的空间，这样能提高纸的利用率。

3.现在每个同学外出的时候包包里都随身携带着一包面巾纸，方便出行时使用，其实我们可以买一个干净漂亮的花手绢代替面巾纸，手绢可以清洗后多次反复利用，这样既做到了出行方便，也做到了对纸张的节约。

一纸多用，让我们更好更多地节约纸资源。为自然减少垃圾，为社会节省资源。我们就是环保的"清道夫"，资源的保卫者。

▼ 二次利用

纸的涅槃

郭沫若有一首诗叫做《凤凰涅槃》，我们都知道它叙说了凤凰的重生，那纸的涅槃呢？是说纸的重生吗？纸也有生命，也可以重生吗？当然了，纸是可以再次利用的能源，所以我们也可以把用过的纸送回造纸厂，让它得到"重生"。

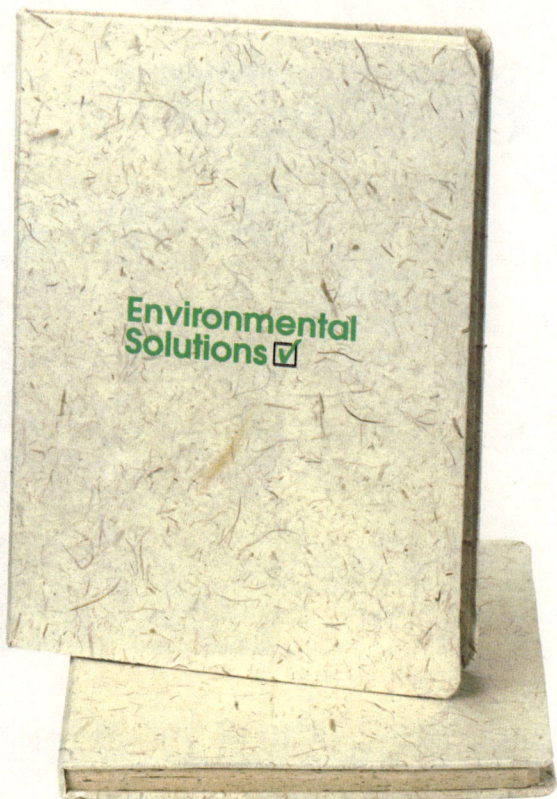

重生的资源

① 凤凰涅槃的传说

喜欢听故事的同学一定都听说过凤凰涅槃的故事：传说中，凤凰是人间幸福的使者，每五百年，它就要背负着人世间所有的痛苦和恩怨情仇，投身于熊熊烈火中自焚，以生命和美丽的终结换取人间的祥和与幸福。同样在经历了巨大的痛苦和轮回后，她们才能得以更美好的重生。垂死的凤凰投入火中燃为灰烬，再从灰烬中新生，她们的羽翼更丰满，声音更动听。

美丽的世界 ▶

② 能源的分类

能源在减少 ▼

除人们比较熟悉的一些能源名称外，你是否还听到过一次能源、二次能源；常规能源、新能源；可再生能源、不可再生能源等称呼呢？其实这些都是从不同角度对能源进行的分类。

按能源的来源可分三类：第一类是来自地球以外的太阳能。它们除了太阳直接照射到地球的光和热外，常见的煤炭、石油、天然气，以及生物质能、水能、海洋热能和风能等，都间接地来自太阳。第二类是来自地球自身的能源，其中一种是地球内部蕴藏着的地热能，常见的地下蒸汽、温泉、火山爆发的能量都属于地热能；另一种是地球上存在的铀、钍、锂等核燃料所蕴藏的核能。第三类是太阳和月亮等星球对大海的引潮力所产生的涨潮和落潮所拥有的巨大潮汐能。

按能否从自然界中得到补充，能源又分成可再生和不可再生两类。太阳辐射能、水能、生物质能、风能、潮汐能、海洋热能和波浪能等都是能不断地再生和得到补充的能源，所以被称为可再生能源。而煤炭、石油、天然气等化石燃料和铀、钍等核燃料，都是亿万年前遗留下来的，用掉一点就少一点，无法得到补充，总有一天会枯竭的，它们被称为不可再生能源。

根据利用能源的形态不同，又可将能源分成一次能源和二次能源两类。一次能源是指直接取自自然界、而不改变其形态的能源。例如，煤炭、石油、天然气、柴草、地热、风力、太阳辐射能等都属于一次能源范畴。二次能源是指一次能源经人为加工成另一种形态的能源。例如，电能、热水、蒸汽、煤气、焦炭以及各种石油制品（诸如汽油、煤油、柴油、重油等），还有生产中的余能和余热等也都属于二次能源范畴。

▲ 潮汐能

根据应用范围、技术成熟程度及经济与否，又将能源分成常规能源和新能源两类。煤炭、石油、天然气、水能和核能等都已得到大规模经济开发和利用，被称为常规能源；而太阳辐射能、地热能、风能、海洋热能、波浪能、潮汐能等，因为它们都是开发研究中的能源，尚未得到经济开采利用，因而被称为非常规能源，亦称为新能源。

▲ 风能

▲ 各种颜色的再生纸

③ 纸的涅槃

纸是二次能源，同时也是可再生资源，可以得到循环利用。我们可以把用过的作业本或者是画画、演算用的白纸积攒下来，通过正确的途径送到造纸厂，让它们得以循环利用，我们在节省纸资源的同时，也有效地减少了对树木的砍伐，保护了森林资源。

电子邮件

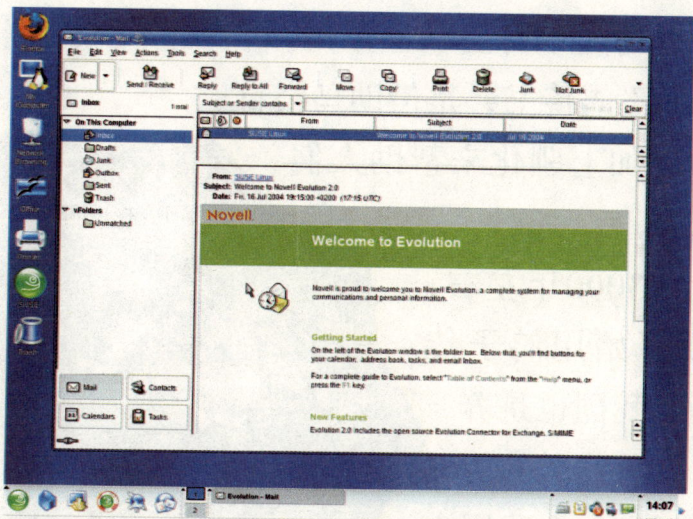

🔺 电子邮件

　　同学们，你们都认识"伊妹儿"吗？我相信大家一定异口同声地说："认识！不就是电子邮件吗？它是一种用电子手段提供信息交换的通信方式。"随着科技的发展，国民生活日新月异，有谁敢说没经历过网络大潮的滋润呢，尤其是我们这些坐在浪尖上追赶潮流的年轻人。哪个没在网上冲过浪，没在QQ上潜过水？提到"伊妹儿"我们更是再熟悉不过了，她的出现让我们的通讯更加方便快捷，让"海内存知己，天涯若比邻"有了更新一层的体现。

1 飞鸽传书

古代通信不方便，朋友搬迁或者家人去远方工作总是无法保持联系，难以诉说思念之情。所以聪明的人想到利用鸽子传信，鸽子会飞且飞得比较快、并且有会辨认方向等多方面优点，被驯化了的鸽子，可以提高送信的速度。通常来讲，鸟类本身会认回家的路，就像倦鸟归巢一样，古人所用的飞鸽传书，是借助鸟类自身的本领，加上驯化来帮助人们互相通讯的。

公元前3000年左右，埃及人就开始用鸽子传递书信了。我国也是养鸽古国，有着悠久的历史，隋唐时期，在我国南方广州等地，已开始用鸽子通信了。

▲ 远古的信使

2 一封家书

到了近现代，通讯设施发达，人们可以通过邮差来投递信件，和家人友人互诉想念之情，李春波的《一封家书》，唱出了多少游子对故乡父母的惦念之情，也因此而一炮走红。通讯成为和异地亲人沟通的桥梁，所以商人们开始在信纸上大作文章，一时间五颜六色的信纸横空而出，有的上面画有不同风格的图画做背景，或者写上些让

▼ 自然的忠告

▲ 信纸

人心动的话语。渐渐地，一张信纸上写字的地方越来越少，而花哨的图片与文字占用了大幅篇章，人们仍然乐此不疲地到处选购"精美"的信纸，家书的分量也是越来越重。

有一个时期，"小笔友"风靡中小学校园，小孩子们更是四处购买漂亮的信纸，与其说通信了解彼此的国土风情，还不如说魅力信纸大比拼。于是，更多新奇多样的不能写字的信纸横空出世，同学们，在你们欣赏美丽的信纸，加大纸张数，缩小每张纸对字的承载量的时候，你有没有意识到，你们正在严重地浪费纸资源，就在你不断地收集美丽而又新奇的信纸的同时，一片片的树林正在被冰冷的电锯截断。

森林资源的减少，绿化被破坏，泥石流更加肆无忌惮。我们的奢侈与浪费让资源告急，生态告危。

3 电子邮件

认识到纸资源的紧缺，人们发明了更新、更快捷的通讯工具：e-mail，它有一个好听的中文名字：电子邮件。现代通讯网络的发达，让我们的沟通更方便、快捷，用电脑打字，发e-mail，代替用信纸写字，再去邮寄。不仅省力省时更省资源。

所以同学们，作为时代弄潮儿的我们，要学会先进的技术，利用先进的工具，为我们的社会、我们的地球节省更多资源。

e-mail轻松连接你我他 ▶

▼ 点下鼠标，轻松发信

丢手绢

　　"丢啊，丢啊，丢手绢，轻轻地放在小朋友的后面，大家不要告诉她，快点快点抓住她，快点快点，抓住她……"一首儿歌又把我们带回了童年时代，童年的生活丰富多彩，充满童趣，毫无压力，唱着歌，做着游戏，快乐地成长。

▼童年

1 儿时的记忆

▲ 嬉戏

小的时候很开心，一块糖果，一个娃娃，或者一只能飘在水上的小玩偶，就可以让我们很开心，很满足。尤其是小女孩，只要是美的东西，都能引起她的兴趣。回想一下，当你们很小的时候，爸爸妈妈带你们到楼下晒太阳，和小朋友玩，是不是都会随身给你带一块小手帕？那是儿时最最清楚的记忆，四方的小手帕，或者是白底，上面印有不同种类的鲜花，或者是印着惹人喜欢的动画玩偶，或者是更多更新奇可爱的图片，那大概是我们手上第一件美丽的东西。

上幼儿园的时候，老师教我们要注意个人卫生，做个勤劳干净的小宝宝，不但要勤洗手，还要记得时常清洗我们随身携带的小手绢，让它和我们一样保持清洁、卫生。

小朋友们也会边洗边唱：

自来水儿，唱得欢，
幼儿园小朋友洗手绢，
肥皂儿帮忙洗得净，
拴根儿小绳儿晾一串，
阳光下，好鲜艳，
红橙黄绿迎风展，
天上的鸟儿好奇怪：
联合国啥时迁这边？

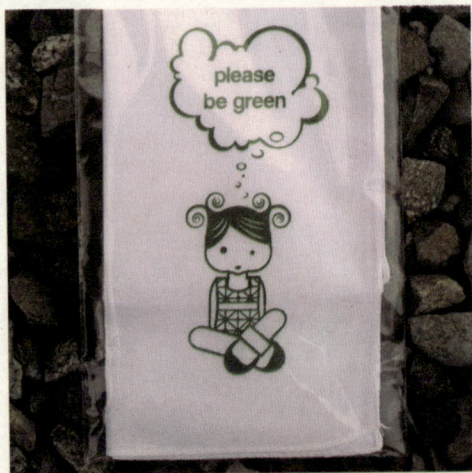

▲ 小手绢

2 面巾纸时代

　　不知道从什么时候起，手绢渐渐从我们的生活中消失，取而代之的是各种品牌的面巾纸，它柔软清香，携带方便，最重要的原因是因为它是一次性用品，不需要我们去清洗，最符合我们这一代人的生活习惯，让我们可以更好地偷懒。每天上学书包里放一包，出去野游或野餐时就拿好几包甚至一条，用完就扔。

　　就在我们贪图方便的一瞬间，请注意，我们正在无情地浪费宝贵的纸资源。当我们在饭店用餐的时候，总是随手抽很多张面巾纸来擦手，或者是擦盘子，心想，反正我来消费了，不能亏了自己的钱，为他们节省。或者是觉得饭店卫生不好，要多用纸来二次清洁，其实劣质的纸巾不但卫生不合格，还会给环境造成二次污染。人们对这些显

抽面巾纸时总会一连抽出 ▶
好多张，从而引起浪费

然还不以为然，并没有提高节约的意识，因为现在纸巾已经进入了千家万户，不管大人小孩吃完水果都懒得洗手，直接拿张纸巾擦擦扔掉；饭桌旁边也备上了餐巾纸，吃什么油的东西随手抽一张擦擦，不小心夹掉了什么东西，随手抽一张擦擦。一顿饭下来，不知道多少张白色垃圾物被制造出来，真是方便了小家，害了大家啊。所以我们不要过度地浪费纸资源，破坏生态的同时，也污染了环境。

▲ 白色垃圾

3 我的花手绢

节约纸资源，减少一次性餐巾纸的使用，我们可以用手绢来代替它。出门的时候，随身携带一块简单洁净的手绢，不仅美观大方，还可以循环利用。养成勤劳节俭习惯的同时，也保护了环境，节约了资源，真是一举多得！

▲ 花手绢

节能节水
环保从我做起

同学们在宣传环保、倡导环保的同时，真正做到节约能源、保护资源了吗？为了更好地宣传节能意识，让我们以身作则，做新时期节能的小榜样，节能节水，从我们自身做起。

秀美的自然 ▲

▼ 牙刷

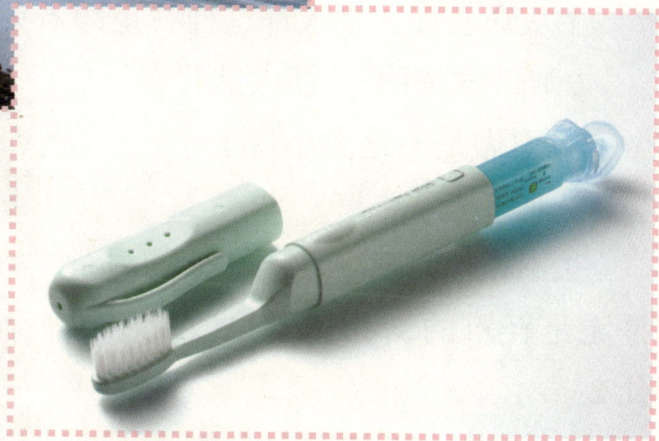

当看到很多的坏习惯时，我们更多的是指责和抱怨，可自身做得如何没有人去深究。有一篇被新浪推荐的文章，说的是一次性牙刷，讲一次性牙刷被如何如何浪费，可文章的后面作者又写自己和别人一样还是浪费了，理由是我一个人做没用，

浪费现象

因为那么多人已经这样做了，自己做了也微不足道。难道这样的文章也能被叫好？其实发现问题并不难，社会无论怎么进步，都会存在或多或少的问题，如果每个人都无视问题，忽略问题，而是和大家一样司空见惯，不去真正地解决问题，那么这些问题发现了又有什么意义呢？

为什么人们会普遍存在这种心理呢？有三点原因：

1.从众心理，别人都这样我也跟着一样做；

2.所谓的面子，别人这样做了我不做是不是太小气了，会让人瞧不起。

3.不相信自己，认为个人的力量是无足轻重的，我做了也改变不了什么。

这三点原因其实在我们身上可能都会有，尤其是对不良风气和不良习惯，有的时候没办法改正，就会不自觉地用这些安慰自己。

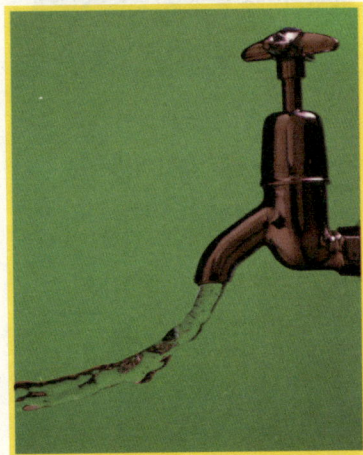

白花花的水就这样流走了

▲ 电脑显示器电源也应关掉

▲ 开关应及时关掉

　　大家都知道我们是发展中国家，我们的资源按人均来说是很贫乏的，可就是这样，浪费现象却是随处可见，尤其是所谓这不是我的是公家的，这种浪费更是比比皆是，甚至连很多私企的员工也是这样做的，理由很简单：这钱是老板出的。我们应该反思自己，人人从我做起，众人拾柴火焰高，好的习惯不是一个人能带动的，我们每个人都应该检讨自己。

　　节能节水应多从自己做起，比如上班时看看家里是不是有电器应该关的没关，应该拔的插座是否已经拔了，这些小举动都会为节能作出贡献，也许你一个人做不起眼，但只要你这样做，就会感染身边的人也这样做，不要小看自己，人人从自己身边做起，社会就会变得和谐美好。

水龙头的哭泣

呜呜呜……呜呜呜……这么晚了，是谁在哭泣啊？顺着声音走过去，原来正在不停地啜泣的是水龙头爷爷，水龙头爷爷为什么这么晚了还在流泪呢？哦，原来是小主人洗手以后忘记了关掉水龙头。水龙头爷爷就这么分秒不停地工作到现在，都已经是深夜了，一家人都睡熟了。

1 水龙头爷爷的哭诉

　　爷爷来到这个家已经十几年了，辛苦忙碌了十多年，很少有休息的时间，并不是这家人用水的时间有多么长，而是这家的主人都十分不注意节约用水，总是忘记随手关紧水龙头。而小主人更是浪费过度，突然把水龙头拧到最大，在极大的压强下喷射出一股强劲的水流，喷得水池内外、卫生间的地上到处都是水，小主人兴起的时候还会用手堵上一大半水龙头，让水从各个不同的方向细细地喷射出，像小水枪一样。玩够了以后，随意地拧两下，也不管是否将水龙头拧紧了，转身就跑出去做别的事情，直到主人下一次的光顾，水龙头爷爷才能有喘息的机会。这样昼夜不停地工作，怎么吃得消呢？怎样才能让家里的主人注意到爷爷的艰辛，学会节约用水呢？爷爷决定要给他们些教训。

▼ 奔流的水

2 水龙头爷爷的教训

为了让这家人意识到节约用水、随手关闭水龙头的重要性，水龙头爷爷决定给他们一个严厉的教训。这天小主人洗完手又随手拧一下水龙头，就头也不回地跑到厨房吃饭去了，一边吃一边和爸爸妈妈讲着这一天里发生在学校的事。水龙头爷爷不急不慢地把他的水兵水将们都调遣出来，给他们交代好任务，并且布置好了队伍的阵形和他们要覆盖的面积。一家人吃完晚饭后，把碗往盆里一放，随手拧开厨房的水龙头放了些水，关上后就都走进卧室去看电视了。

▲ 跑水

没有人注意到水龙头爷爷的忙碌，也没有人注意到水兵水将偷偷地驻入，大家完全沉浸在电视剧的情节之中。直到一阵急促的敲门声响起，女主人一边抱怨这个时候还有人来打扰，一边不耐烦地问道："谁啊？"谁知刚出房门的她就被水兵水将们以迅雷不及掩耳之势搬倒在地。

滑倒在地的女主人这才意识到大事不妙：跑水了。于是赶紧叫男主人去开门，自己去检查哪个水龙头没有关上。这个时候水已经泡湿了地板，顺着暖气管空隙往楼下渗透。男主人也站在门口不停地给楼下的邻居赔礼道歉，为自己的疏忽后悔不已。小主人也红着脸低下了头，发誓

▲ 公共场所也应注意节约用水

以后一定会注意随手关紧水龙头。

　　同学们，这个故事给了我们什么样的启示呢？你们平时在家的时候有没有犯过类似的错误？有没有注意节约用水，随手关紧水闸呢？不要等悲剧发生后才知道后悔。故事里小主人的过失就是给我们最好的教训和警戒，时刻提醒我们要注意随手关闭水龙头，不仅仅是在家里，在学校更要注意节约和爱护水资源。减少不必要的灾害，看到哪个水龙头没有拧紧，要去拧紧。看到哪个小朋友不注意节约，随意地开完水龙头不关就走，一定要喊他回来关紧水龙头，并告诉他这个行为将导致的后果。让我们一起注意随手关水龙头，避免不必要的浪费与危害。

我们随手扔掉的"钱"

看了这个标题，同学们一定都觉得奇怪："扔钱？"多么奢侈的事情？谁会大手大脚到如此地步？有的同学直接笑了，除非精神病院的疯子，或者在电视剧里，现实生活中，一个精神正常的人谁会和钱过不去呢？都是多多益善，拼命地赚钱。那用汗水换来的宝贵的万能品，谁会弃而舍之呢？

▲ 谁会扔钱呢？

◀ 浪费

大家不用笑，扔钱的不是别人，就是你，还有你，还有你，你们每一个人，我们每一个人，都在无意中浪费了手中或者身边的宝贵资源，让它们不能得以循环利用，害得国家丧失了数亿的资产。不可思议是吗？

这里就给你举些准确的数据来证明看看。

▲ 纸张的来源

1 木材资源的困乏

　　我国是一个森林资源十分匮乏的国家，全国人均森林面积只有0.128公顷，仅相当于世界人均的21.3%；全国人均森林蓄积量为9.05立方米，仅相当于世界人均蓄积量的12.6%。同时我国又是一个木材消费大国，目前国内每年木材需求量约为3亿多立方米，而按我国历年来的消耗数据来看，国内最大限度也只可能提供大约2.3亿立方米木材，木材供应缺口应当在0.7～1亿立方米之间，这一供求缺口就要靠进口木材来填补。

　　据统计，我国近年来进口木材每年消耗外汇70～80亿美元（不含纸浆及纸品），已成为排位在进口石油、初级塑料之后第三位的大户。照此速度递增下去，三五年后，木材进口使用外汇将成为我国外贸的顶级大户，从而会给我国的国际收支状况带来巨大影响。然而中国的经济持续发展，人民生活水平的不断提高，木材需求量只会与日俱增。

▲ 森林在日益减少

2 木材资源的浪费

改革开放以来，城市现代化步伐加快，城市基建快速发展，装修业、旅游业、交通业、通讯业、家具业、会展业、餐饮业、体育运动等行业蓬勃发展，这些都构成对木材及其制品的需求，同时也产生了大量木质废弃物。而这种废弃物的一个主要特点就是多数都是一些木材加工后的边角料、日常用品或包装装潢材料。它们是在零散的、被人忽视的状态下当做垃圾处置的。但是我国是个有着十几亿人口的大国，废旧木材数量极其惊人，日积月累，这些可以回收复用的木质资源就白白地流失了，这是一笔巨大的浪费。

具体表现在：

1.木筷：据统计，目前我国有上千家木筷生产企业，每年生产木筷约1000万箱，年消耗木材资源500万立方米，我国商品木材年产量不足5000万立方米，其中木筷用材竟占了10.5%。一棵生长20年的大树，仅能制成3000～4000双左右的筷子，为此，每年需要砍伐2500万棵树木。

2.牙签：据报道，全国每年消耗牙签在6000万支以

浓荫林木

上，如果用木材制造需用160万立方米，相当于203万亩的林木。

3.雪糕棒：据统计，截至2009年年底，国内有大中小各类冷饮生产企业3000多家。仅制雪糕、冰棍，每年需用木材约为100万立方米，要消耗掉500万棵左右直径为10多厘米的树木。

4.衬衫及月饼包装盒：据估计，我国每年市场销售衬衫12亿件，仅包装盒用纸量就高达24万吨，相当于砍掉了168万棵碗口粗的大树。我国每年生产月饼1000万盒，包装耗费25亿元，耗用木材约为80万立方米，需用大树400万棵。

5.贺卡：据了解，每年圣诞节、元旦、春节等三大节日消费的贺卡就在1亿张以上。每生产10万张贺卡，就要消耗掉5.5立方米的木材，也就是说每制作大约4000张贺卡，所耗费掉的木材就相当于一棵大树。而全国每年三节过后绝大部分贺卡的命运就成了弃物，计算一下，相当于2万多棵10年生的大树被砍倒。

年迈的古木 ▶

很多树木还没长大时就被砍倒 ▶

3 资源再利用

垃圾应分类

有的同学会问，一次性的筷子和牙签、冰棍杆，我们用完不扔掉还有什么用呢？一次性的，不就是让我们用了一次就扔的吗？当然不是，同学们，当你们去小商品市场时，会看到很多漂亮的木质工艺品，当你惊叹于雕刻家的独具匠心时，你是否能想起这样一句话：巧妇难为无米之炊。再厉害的工匠师傅，也不能脱离原材料来加工这些艺术品，而这些精美的艺术品就是用木头作为原材料的，所以，我们可以把不用的木筷、牙签、冰棍杆都攒起来，通过正确的途径送到废旧物品加工站，让它们再次成为可用资源。

简单的统计，惊人的数字，多少资源被我们无情地浪费，多少金钱从我们手中无意地被挥霍掉。节约能源要从"我"做起，从身边的每一件小事做起。

独木成林

精明的小管家

这两天帅帅家装修房屋，电钻、电锯唱个不停，装修工人耳朵上别个笔，上上下下不停地搬运装修材料，爸爸妈妈更是马不停蹄地奔波在家和商店之间，选购材料、讨价还价、监工施工，真是忙得不亦乐乎，而帅帅呢？这个精明的小管家也在忙着他的"事业"，我们看看他在忙些什么。

装修也要精打细算 ▶

勤劳的帅帅正在收集用剩的被锯掉的一小节一小节木头，有同学一定会说：哦，我知道了，我们前面学过，节省剩余的木质资源，我们可以用它来做一些工艺品，或者可以送到加工厂，做筷子、做牙签、做冰棍杆。

等到用完以后我们还可以再回收过来做工艺品，让它得到充分的利用，不错，聪明的帅帅就是在节约木质资源，让小木块在另一个需要的地方充分发挥它的力量，展示它的价值。可是除了收集小木头以外，帅帅还拖了一个大大的袋子，手里拎着扫帚和撮子，他还在收集什么？答案是——木屑。收集木屑做什么？木屑有什么作用呢？有的同学脸上还洋溢着得意的笑容，这个问题难不倒他，木屑可以用来烧火取暖啊，它易燃，在农村，可以用它来代替木柴和煤炭来点火取暖。很正确，不过啊，木屑除了代替燃料以外，还有一个更大的用途，这就是帅帅新学到的知识。

▲ 做力所能及的事

木屑 ▶

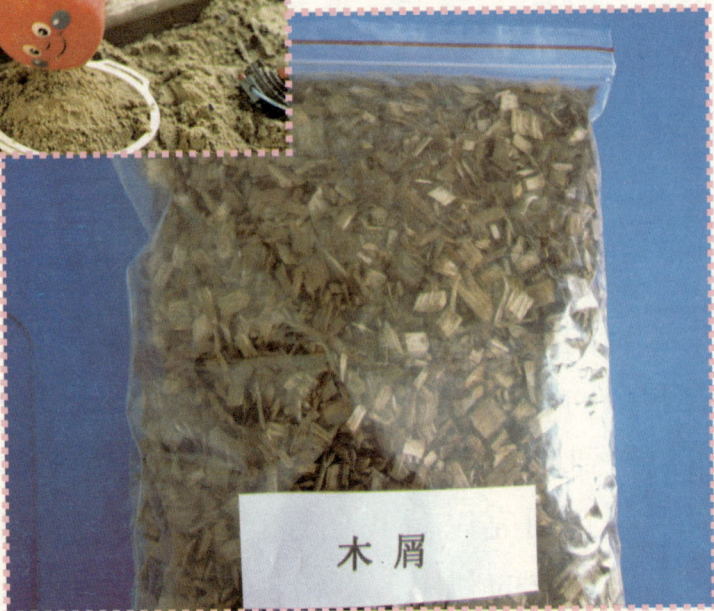
木屑

▲ 多用的木材

1 木屑变变变！

木屑除了可以代替木头和燃料燃烧发热以外，还可以加工成活性炭。在家里，放在冰箱里可以除异味，也可以吸收装修产生的异味，如甲醛、苯等有害气体；在实验室可以做脱色剂，比如一些反应产生有色杂质可用其脱色，再过滤掉，产物颜色会纯净些；还可以吸水做干燥剂，在军事方面还可以加工成防毒面具，那么木屑是怎么变成活性炭的呢？

▼ 木屑制粒机

2 木屑的筛选和干燥

木屑由斗式提升机送到振动筛筛选，选取好后，由鼓风机输送到旋风分离器，分离后的木屑落入贮仓中。然后进行气流干燥，木屑由贮仓下面圆盘加料器定量连续地落入螺旋进料器，加入热风管，由热风炉来的热空气高速气流带走及烘干，木屑含水率由原来的40%左右下降到15%～20%，干木屑在旋风分离器分离后落入干木屑贮仓。

3 氯化锌溶液的配制

氯化锌溶液的配制是根据生产的要求，配制规定浓度的氯化锌溶液。配制时，将回收工序回收的浓度为40的锌液，用泵泵入配锌池中，再加入固定氯化锌和盐酸，配制成规定浓度和酸碱度的氯化锌溶液，或直接用水配制亦可，然后用泵泵入浓锌池备用。

▲ 氯化锌

4 捏和

用泵将浓锌池的氯化锌液泵入浓锌液高位槽，由于木屑贮仓下部落下的木屑用斗式提升机提升至计量槽，一定量的木屑放入捏和机，同来自高位槽的定量浓锌液拌和后，倒入回转炉的料斗中。

▼ 洁净的天空

5 活化

由料斗下部的圆盘加料器和螺旋进料器将木屑加入回转炉，从炉的另一端通入热烟道气，将木屑炭化和活化，活化料落入出料室，定期取出，用小车推到回收工序的斗式提升机加料处。

▲ 回转炉

6 回收、漂洗

▲ 斗式提升机

开动斗式提升机，将活化料加入回收桶回收氯化锌。先用25～30波美度的氯化锌溶液洗涤，得到的浓锌液送往配制氯化锌溶液，再用较稀的锌液洗涤，洗涤时加入适量盐酸，并将溶液加热到70℃以上，使氧化锌转变为氯化锌。最后要求洗涤液的浓度降至1波美度以下。回收过的炭用水冲入漂洗桶中，用90℃以上的热水漂洗，第二次漂洗时加入适量盐酸，并加热至沸腾，以除去炭中的铁质，直至洗液不含铁为止。

▲ 活性炭

7 离心·脱水、干燥和粉磨

活性炭在离心机中脱水，然后在外热式回转干燥器中干燥至含水率4%～6%，再送往球磨机磨粉即为成品。

可见生活中有那么多看似无用的垃圾，其实都可以变成威力无限的宝贝，通过学习这些知识，以后我们也要收集被当做废品的木屑，把它送到加工厂，神奇变身为活性炭，为我们发挥更大的功效。

◀ 炭雕

地球一小时

　　一次考试荣登榜首，我们会兴奋，这是我们奋斗的回报；一次活动圆满结束，我们每个成员都会欢呼，这是我们团结的力量；一个民族振兴的时候，全民族的人都很振奋，这涉及一个民族的荣耀。一个世界性自发的呼吁，震撼了各国人民，让全世界人都拉起手，一起响应：地球一小时，这是我们全人类的共鸣。

无节制地开灯，常年的灯火通明，不仅严重地浪费了电资源，也破坏了大自然的生态平衡，导致温室效应，危害着我们居住的地球。常年隐居在网上的网虫们一定对"地球一小时"不陌生。"地球一小时"是WWF为应对全球气候变化所发起的一项可持续性的全球活动，号召个人、社区、企业和城市在每年3月最后一个星期六 20:30~21:30熄灯一小时，旨在通过一个小小动作，让全球的民众共同携手关注气候变化，倡导低碳的生活生产方式——小小改变就可能成就深远影响。从2007年在悉尼举办的第一届起，"地球一小时"已经迅速发展成为公认的全球最大的应对气候变化行动之一。而2010年地球一小时的目标是全球6000多个城市、超过10亿人参与的活动，政府、企业、社区积极加入，让"地球一小时"成为世界上规模最大的环保行动。"熄灯一小时"得到了社会各界的响应与支持：

请自觉熄灯

2010年3月27日8时29分，"地球一小时"的前一分钟，成都市电业局调度中心的数据显示，此次整个成都市的用电负荷是390万千瓦时，6分钟以后的8时35分，用电负荷开始逐渐有所下降。成都市电业局相关负责人表示，"从数据上来看，8时30分到9时30分这一个小时，负荷减少了3万千瓦时，也就是说节约了3万度电。"

2010年3月27号20时30分到21时30分，上海市区两级政府大楼也关闭景观灯一小时。上海市政府还向全社会倡议以多种形式积极参加"地球一小时"全球行动，呼吁公众在日常生活、工作中养成节约资源和能源的习惯，为打造一届成功、精彩、难忘的世博会贡献力量。

熄灯一小时期间，上海众多的商业场所纷纷用烛光营造温馨、浪漫的氛围，许多宾馆酒店也提供烛光鸡尾酒，一些高校环保社团在熄灯期间竞相组织了丰富多彩的环保宣传活动。在上海时尚的年轻人中，还兴起了"光迹涂鸦"艺术，在昏暗的灯光下，他们用手电筒在空气中涂鸦，利用数码相机长时间曝光将之拍摄下来，从而创造出一幅幅独特的画面。

在"熄灭灯火——点燃绿色"的大连星海广场主题活动中，上千名环保志愿者用象征一年365天零排放的3650根

▲ 光迹涂鸦

蜡烛拼出"中国结"图案，与到场市民一起，表达"从我做起、低碳排放，共同为创造地球更加美好明天作贡献"的愿望。当天大连许多社区、企业、院校及标志性建筑都在晚上8时30分至9时30分关掉灯光，有的星级酒店还组织客人在蜡烛中度过优雅的一小时"低碳生活"时光。

地球之夜，烛光点亮希望

地球之夜，全世界的人们都积极响应这个号召，为我们的地球节约能源，为我们地球减压，用烛光照亮了新的希望，用烛光连起我们亿万人们爱护地球的心。为地球母亲送上一份呵护，为我们共同的家园营造健康的环境。关闭电灯却点亮希望，点亮我们每个人心中希望的种子，希望我们的地球母亲明天会更好！

◀ 地球一小时
▼ 赖以生存的地球

都是互联网惹的祸

都说21世纪是互联网的时代，一时间因特网成为当红明星，被各年龄段的人相继追捧，炒作成名。它的"经纪人"电脑先生也被请进各家各户做客访谈，并且受到各位家庭成员的亲切接待。更难得的是，互联网这位新时代的"红星"经久不衰，一直以不减的魅力引得小主人爱不释手，可苦了电表爷爷，这么大岁数，一天天要不停地奔跑，还呈现加速状态。

▲ 互联网

不得不承认网络世界奇妙精彩，好听的歌，好看的图片，好玩的游戏应

◀ 门户网站

051

有尽有，互联网给我们带来了很大方便，想知道什么上百度搜一下，想买什么可以逛逛淘宝，足不出户就可以货比三家选到物美价廉的商品。但是凡事有利弊两方面，网络给我们带来便捷的同时，互联网游戏交友也让刚刚步入青春期的青少年们误入歧途，一头扎进网络大潮，要么沉溺于网游、杀怪、完成任务、PK，把功课抛到了九霄云外，要么qq、msn聊得晕头转向，懵懵懂懂闯进误区。原本名列前茅的成绩一落千丈，恨不得一天24小时守着电脑，自己不休息，电脑不休息，电表也别想休息。呼呼流转的电表，"突飞猛进"

▲ 聊天软件

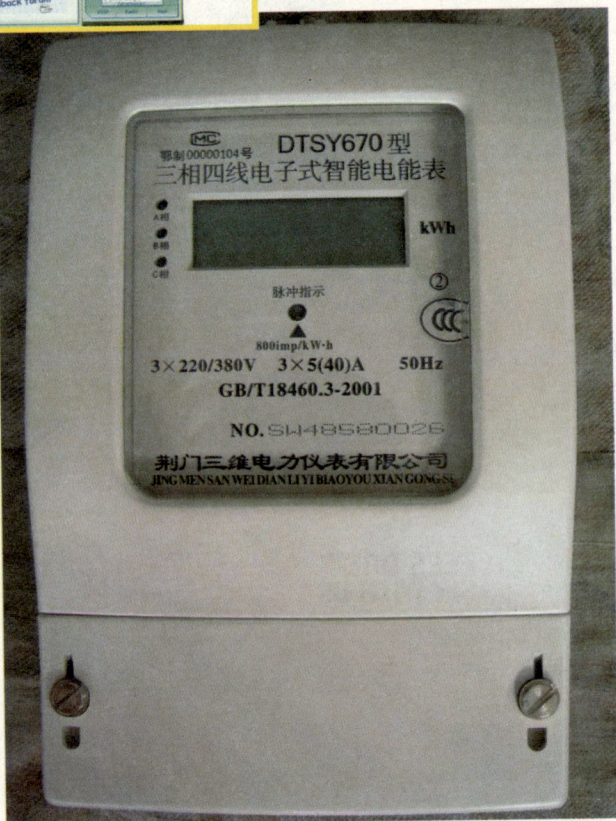

▶ 不停歇的电表

的电费时刻提醒着家长们：请控制孩子适当上网，注意休息，劳逸结合。

专家曾做过这样一个评判，一天在网上待着超过3小时的人都对电脑有依赖，有人说是为了工作需要，必须挂在网上，即便是人不在，qq头像也倔强地亮着，电脑始终保持开启的状态。

▲ 珍惜能源

上班族们更是不管不顾，不是自己交电费，公家电不用白不用，上班来第一件事启动电脑，下班后最后一件事是关闭电脑，或者最后一件事是忘记关掉电脑。

当你们奢侈地享受浪费的时候，有多少人因为你的浪费备受艰辛，有多少人期待着你的同情与帮助。所以，上班族们，80后们，请让你们的电脑稍加休息。在不用的时候记得随手关掉，或者处于待机状态，尽量减少对电能的损耗，尽量减少不必要的能量损耗，勤俭节约是中华民族的美德，节约用电是我们每个现代人应该视为己任努力做到的事情。

同学们，当我们不用电器的时候请记得随手关掉电源，当我们离开房间的时候请记得随手关掉开关，在教室上课的时候记得亮度够的时候关掉日光灯。让我们做个有责任感的小公民，为社会、为地球节约资源，为我们的未来积蓄更多更强的能量。

发动全民节电
社会公益活动（一）

同学们，当我们意识到了节约电能源的重要性，也认识到了我们原来的浪费时，大家是不是都决心从现在起做个尽职的小公民，节约用电从我做起，从现在做起呢？那我们都应该注意哪几个方面呢？

① 电灯的选择

随手关灯从我做起

1.随手关灯

家里的电灯用电费用可占总电费支出的15%～20%，因此请只在有需要时才使用，并在不用时及时熄掉。

2.尽量善用日光。

3.购置新的灯光设备时，除非想以光暗掣调控灯光，否则应考虑选用小型灯泡。这类灯泡比一般灯泡耗用少75%的电力，但产生的光度却一样，而耐用程度却长10倍。

4.应小心安排电灯的位置，并尽可能采用只照明工作间用的工作灯。

5.宜采用一盏高瓦数电灯做全面照明之用，以代替多盏低瓦数电灯。

6.尽可能使用光暗掣调校灯光（光管除外）。

7.应使用透光率高的浅色灯罩。

8.家中主要起居生活的地方宜选用浅淡及高反光率的装修色调。

9.保持灯光设备及灯泡洁净以达到最高照明效益。

10.白天室内亮度够的时候，尽量不要点灯。

11.节能灯最好不要短时间内开关，有资料表明节能灯在开关时是最耗电的。

12.白天可以做完的事不留着晚上做，洗衣服、写作业在天黑之前做完。早睡早起有利于身体健康，又环保节能。

▼ 珍惜能源

② 空调

1.购买空调时，应留意其能量效率比，并应选用能量效率比至少达到2.2瓦特／小时的型号。选用节能空调，一台节能空调比普通空调每小时少耗电0.24度，按全年使用100小时的保守估计，可节电24度，相应减排二氧化碳23千克，如果全国每年10%的空调更新为节能空调，那么可节电约3.6亿度。

2.尽可能使用风扇以代替空调。

3.尽量避免在阳光直射的地方安装空调。

4.切勿阻挡入气或排气口。

5.应将无需冷气的地方关上，并将无人使用范围内的空调关掉。

6.开空调时应保持门窗紧闭，并拉上窗布或放下百叶，以阻隔阳光直射室内。

7.天气开始转热之际，应清洁或更换所有冷气机隔尘网，其后也应每两星期检查及清洁一次。

▲ 每个人都应节约

8.将门窗的缝隙封好，以免冷气流失。

9.尽可能使用时间掣开关空调。

10.很多人将空调的温度调得很低，其实只需将冷度调校于符合能源效益的气温，令人感到舒适而非寒冷即可。

11.夏季空调温度在国家提倡的基础上调高1℃。

炎热的夏季，空调能带给人清凉的感觉。不过，空调是耗电量较大的电器，设定的温度越低，消耗能源就越多。其实，通过改穿长袖为穿短袖，改穿西服为穿便装，改扎领带为扎松领，适当调高空调温度，并不影响舒适度，还可以节能减排。如果每台空调在国家提倡的26℃基础上调高1℃，每年可节电22度，相应减排二氧化碳21千克。如果对全国1.5亿台空调都采取这一措施，那么每年可节电约33亿度。

12.出门提前几分钟关空调。

空调房间的温度并不会因为空调关闭而马上升高，出门前3分钟关空调，按每台每年可节电约5度的保守估计，相应减排二氧化碳为4.8千克。如果对全国1.5亿台空调都采取这一措施，那么每年可节电约7.5亿度。

原来，日常生活里常见的电器使用的时候还有这么多的学问啊，真是长见识了，同学们，我们一定要熟记这些常识，平时自己要注意做到，并且把这些知识传播给身边的每一个人，发动所有的人，全民节电大型活动，现在开始，加油吧！

▶ 一起为环保加油

发动全民节电
社会公益活动（二）

同学们，你们的节电活动开展得怎么样了？教给你们的前两种节约电能的方式都学会了吗？接下来再告诉你们几种生活中常用的电器的正确节电使用方法：

▲ 冰箱不要长时间打开

1 冰箱的使用

1.购买冰箱应挑选高能源效益的型号。单门冰箱最省电，其次是上下格双门冰箱，再其次才是左右开双门冰箱，而冰箱的容积也应以符合家庭的需要为佳。

2.冰箱宜避免放置于太阳直射的地方，切勿放近煮食炉具或任何其他发热物体。冰箱顶及两旁应保留30厘米空间，背面则至少需预留4厘米的空间散热。

3.切勿将冰箱调校于不必要的过冷度数，因为这样只会浪费电力。

4.冰箱储存的所有食物应先封好及排列有序，让冷空气可流通无阻。

5.切勿将高热或温暖的食物放进冰箱内，应先将食物冷却至室温。

6.开关冰箱不宜过于频繁。

7.所有冰箱门均应关闭妥帖，并须确保门封没有漏气。检查密封垫可用一张纸尝试插入冰箱门缝；如有空隙让纸张活动，则需要换密封垫。

8.将冷冻食物解冻，应于煮食前一天将食物从冰格放入其他冷藏格内。

9.若家中冰箱并非是无霜或循环除霜

▲ 维护新的生命

的型号，则应定期为冰箱除霜。所积聚的冰霜以不超过6毫米厚为宜。

10.切勿阻塞冰箱背面的冷凝管，并须保持清洁，以免尘埃积聚导致温度上升。

11.出门远行前应先清理冰箱内的一切食物，然后关掉电源。

◀ 小·冰箱

② 微波炉

微波炉加热食物快，但启动功率大，耗电原理和空调类似。

▲ 微波炉

1.尽量使用高火加热食物（中火、低火及其他火力都是间断工作）。

2.减少开门次数。也就是减少启动的次数。

3.尽量不用微波炉的解冻功能（解冻功能是微波炉间断工作且频繁重复启动的工作原理）。

4.清洁微波炉内右侧的导波板。导波板易有油污、污渍，会造成微波反射不均匀，减低微波炉加热的热效能。

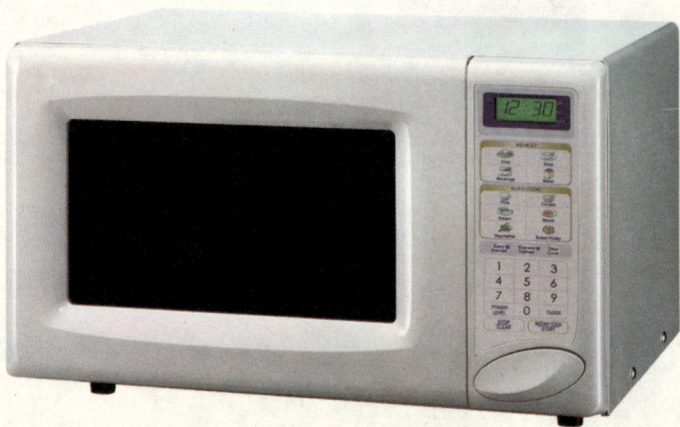

3 热水器

1.选用的热水器，大小应配合家庭需要，例如一家四口宜采用15～20升储存容量及设有多段温度调校的型号。亦可使用即热式热水器。

2.如采用储水式热水器，应确保隔热性能良好。

3.热水器用完后应及时关掉，或设置开关时间以获取最高效益。

▼ 热水器

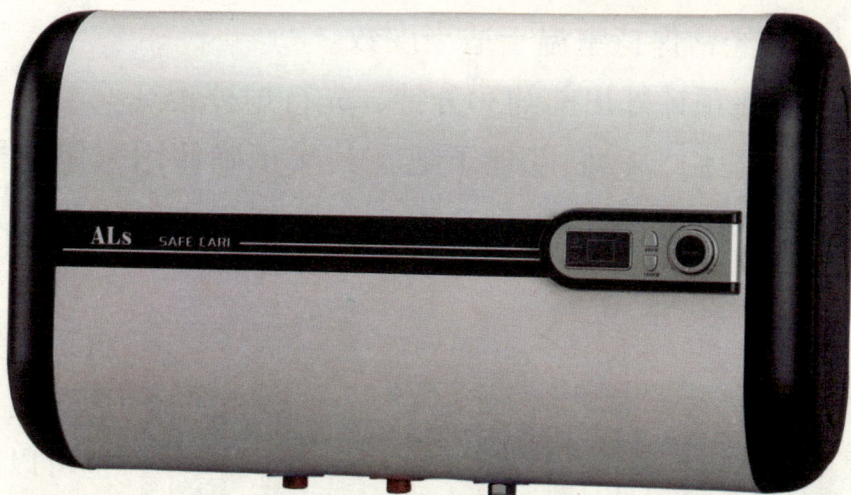

4.切勿调校太高温度，夏天更应调低恒温器度数。

5.淋浴比用浴缸洗澡更省水，并可省回大约50%热能开支。

6.低流量式喷头亦可省水兼节约热能。

7.剃须或洗碗碟时，未用水时切勿让热水任流。如非必要，应尽量用冷水。

8.热水器应尽量安装于靠近水龙头的位置。

4 暖气

1.应选用适当体积及型号的暖气。暖风机传送暖气的效率比一般电暖气高，而发热机则可令室温较为均匀。

2.使用任何种类的暖气之前，应考虑改穿较御寒的衣服，以及设法阻挡冷空气吹入室内。

3.尽量缩小需要暖气的范围，并须确保门窗关紧，以免虚耗暖气。

4.应采用设有恒温器及时间控制的暖气炉以减少耗用能源，并经常保持室温于适当度数。

5.在预计外出前约30分钟，先行熄掉暖气。

同学们，你们发现了吧？其实正确使用家用电器真是门大学问啊，你可以把今天学到的知识讲给爸爸妈妈听，看他们平时是否正确使用了这些电器，你也可以亲自示范，体验一下这些巧妙的方法，看看这个月给家里省了几度电。

暖气

发动全民节电
社会公益活动（三）

同学们，你们平时在家都是自己洗衣服吗？会用家里的洗衣机吗？除了洗衣服你还会做哪些力所能及的小事呢？请举出你身边的几个常用的电器，并介绍一下它的正确使用方法好吗？然后我们继续来学习节电的窍门。

▲ 能源时代

① 洗衣机

1.对于选购洗衣机，大小应以配合家庭需要为标准。

2.水平滚轴的前置式（或前门式）洗衣机比垂直转轴或顶置式洗衣机耗水量少，更为省电。

3.应装满一机衣物后再洗衣，因为半满与全满均耗用同等电力。

4.尽量采用低温洗衣程序，并且切勿使用过量洗洁剂。

5.使用干衣机前，先采用高速旋转脱水程序较为省电。

6.尽可能在户外晾干衣物。

7.购买干衣机时，应选择备有湿度感应器及自动停机设置的型号。

8.每次干衣前应先清洁隔尘网。

▲ 干衣机

9.切勿令干衣机负荷过量衣物：因为会阻碍空气流通，并且会严重降低干衣效率。根据衣物厚度分类，然后逐批进行干衣有助提高效率。

10.当干衣机停止运转时，应立即取出所有衣物挂起，以免弄皱，还可减轻熨衣工作。

应谨记当天气极度潮湿之时，要求衣物绝对干透只会徒然浪费时间，因为衣物很易再度反潮。

② 煤气及天然气炉具

1.用压力锅煮食可节省多达2/3的烹调时间、减少耗用燃料以及保存更多食物中的营养。使用慢火煮食也可节省大量能源。

2.应选用传热性能良好的煮食器皿。烹煮的水量只需符合需要便可，不宜过量。应视家庭人数选用大小适中的饭煲，过大的饭煲只会徒然浪费燃料。

3.经常使用锅盖存热可节省更多能源。

4.食物一经煮沸，应调小火。

5.应使用可完全覆盖炉火的锅具。

6.食物快煮好前应先关掉炉或熄灭炉火，让余热缓缓完成煮食工作。

7.切勿使用过长时间预热炉：通常10分钟已足够。

▲ 食物煮开后应改为小火。

8.应善用炉具空间，在同一时间烤多碟食物，并应先行烤需要较高温煮熟的食物。

9.切勿在吃饭前过早煮食，因为再次加热及保持食物温暖只会浪费能源。

10.应将冷藏食物先行解冻才可烹煮。

11.应选用能源效益较高的炉具，例如使用烤面包炉以烹煮及烘少量食物。

12.经常检查炉门的封口垫是否漏有热能，如有需要应立即更换。

13.应保持炉具清洁，以发挥最佳煮食效能。

▲ 餐桌上的佳肴

3 平头炉/柜炉/炉

1.柜炉/炉的大小，应以适合家庭需要，并应考虑与微波炉配合一起使用。多喷嘴式柜炉/炉可提供更灵活的煮食方式及减少浪费能源。

2.调校炉火以配合锅底的大小，炉火若超越锅边，不但浪费能源，还会产生危险，况且也不会提高煮食的效率。

3.加热砂锅及其他食物时，应选用慢火炉头以代替炉。

4.蒸和炒均是节省能源的煮食方法。

5.应尽量用烤炉的空间，切勿每次只烤制一种食物。

🔺 洁净的美食

6.保持炊具清洁及妥善保养，并须经常检查。

同学们，当我们掌握了这么多家用电器和燃气的正确节电使用方法后，心里是不是很有成就感？是不是迫不及待地想试一试，展示一下我们的节电本领呢？但是千万要在家长的陪伴下尝试，因为电器和燃气都是危险性很大的生活用具，稍不小心就会引来危险，所以，在掌握了方法以后，我们还要耐心地经过爸爸妈妈的教导和演示才可以上岗哦！

洗刷刷

同学们，你们都是讲卫生爱清洁的好孩子吗？在家经常帮爸爸妈妈做家务吗？自己的衣服都是自己洗吗？在洗衣服的时候我们都应该注意什么呢？应该怎样节约能源呢？

▼ 环保的天平

综合我们以前学过的节能知识，开动脑筋，想一想在洗衣服的时候我们会用到几种能源，怎样才能节省更多的资源。

有的同学会说："洗东西当然要用水了，所以首先涉及的是水资源，我们要注意放完水后，随手关紧水龙头，避免水资源的流失。"非常不错，不过节约用水除了减少水的使用量以外还有个更好的办法，就是让水得到多次利用，比如洗衣服的第一遍水一定有很多的洗衣剂或者是洗衣粉，丰富的泡沫可以更好地去除污渍，我们可以把剩下的洗衣水用来洗抹布、拖地，还可以用来冲洗厕所，这样水和去污剂就都得到了多次利用。漂洗衣服的水一般都比较通透，我们可以用它来洗袜子、刷鞋或者是冲厕所。

有的同学说，洗衣服要用洗衣机，那就一定要用电，所以我们还要注意对电能源的节约利用。那首先就是要选择功率小的洗衣机，前面我们学过：用洗衣机时，1.我们应装满一机衣物后再洗，因半满与全满均耗用同等电力。2.尽量采用低温洗衣程序。3.使用干衣机前，先采用高速旋转脱水程序较为省电。当然，最最省电的干衣方式还是不用甩干机，把衣服挂在通风和朝阳的地方，让它们接受阳光的照射，自然地风干。

自然的警钟在哪里？

还有的同学提到了另外一种资源：洗衣粉。那么洗衣粉属于什么资源呢？我们要先了解一下洗衣粉的成分和分类，根据它们的构成和分类选择更好更省的方法。洗衣粉由于种类较多，特点各不相同，人们往往很难正确选购和使用，以至于造成浪费和影响使用效果。

　　洗衣粉主要是由表面活性剂、聚磷酸盐、4A沸石、水溶性硅酸盐、酶等助洗剂、分散剂经复配加工而成。根据洗衣粉的含磷量可分为无磷和含磷洗衣粉，按其洗涤效能又可分为普通和浓缩洗衣粉。普通洗衣粉（A型）颗粒大而疏松，溶解性好，泡沫较为丰富，但去污力相对较弱，不易漂洗，一般适合于手洗。浓缩洗衣粉（B型）颗粒小，密度大，泡沫较少，但去污力至少是普通洗衣粉的两倍，易于清洗，节约水，一般适于机洗。有的消费者错误地认为洗衣粉泡沫越多越好，而实际上泡沫的多少和去污力没有直接关系。

　　我们要根据衣服的多少和材质选择适当的洗衣粉，做到最少、最好。

　　其实我们还有种更节能的洗衣方式，那就是手洗，这样不仅可以避免大量的用水，同时也省去了电能的消耗，是最经济最有效的节能洗衣法。所以我们应该提倡在没有大的物件时，尽量

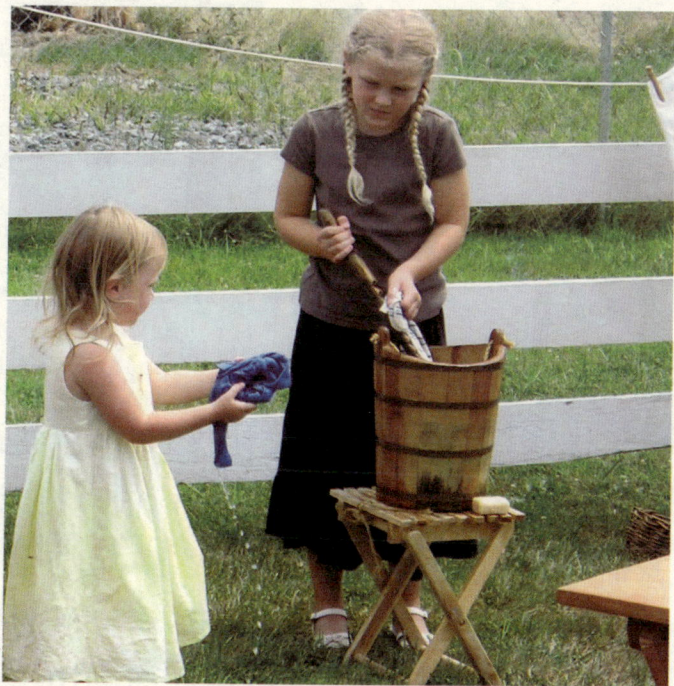

▲ 手洗

用手洗代替机洗，做个讲卫生、爱能源的好孩子。

改掉汽车
喝油的坏毛病

随着经济的发展，人们的生活水平得到了普遍提高，温饱再不是大家追求的目标，富足成为人们心中的另一个期盼。楼房加高了，马路变宽了，饭店越来越多了，私家车在楼下都排成排了。

▲ 越来越多的私家车

国家日新月异的变化让我们心中充满欢喜，可是另一个隐患也随之而来，汽车喝掉的汽油，将减少多少油资源呢？我们又该怎样减少油资源的浪费，节约能源呢？

在交通发达的今天，汽车已经成为我们日常生活中不可或缺的消耗品，商务用车，通勤用车，更多的私家车，马路上琳琅满目的挤满了各类用车，奥迪、宝马、林肯、宾利这些我们之前只有在杂志上才能欣赏到的大排量车，如今都搬上了马路。就连美国的军用车悍马，现在也成了私人驾驭的宠物，如此多喝油的机器，我们怎能不为未来担忧？

燃油税呼之欲出，对于汽车驾驶员尤其是有车族来说，如何让自己爱车少喝油、多跑路是一个非常现实的问题。

①减重省油法

如何才能省油，行家的经验是：

车上应避免放置无用的物品。不要以为放置零星物品随车行驶，对车影响不大。其实，轿车对载重非常敏感，如果置放5千克无用的物品随车行驶1000千米，就会白白浪费400CC燃料。

汽车也要瘦身 ▶

▲ 起步要缓慢

② 正确起步省油法

　　开车前的暖机时间不宜过长，一旦待速稳定即可起步，起步时，最好缓慢些，因为急速起步伤车，也浪费燃料。据测算，急速步起10次，约浪费燃料120CC以上。车辆起步后应待发动机的扭矩达到最大时换档，过早则引起敲缸，太晚又会造成扭矩的浪费，这两种情况都不利于省油。

▲ 骑车可以保护环境

③ 轻踩油门省油法

　　避免空踩油门。空踩油门10次，就会浪费燃料60CC以上，在加速增挡过程中，不宜将油门踏板踩下过多，一般不大于油门踏板全程的75%～77%。如果控制不好，将油门踏板踩下过多，甚至到全开位置，会使加浓装置参加工作，这必然会耗油。

4 选择合适档省油法

要避免行车中途突然加速，要用合理的速度行车，过快过慢都会浪费燃料，特别是猛加时，耗费燃料最多。猛加速10次，约耗费燃料在1200CC以上，使用的档位越低，气门开度越小，发动机的功率利用就越小，耗油自然就越大。发动机的大部分时间在中等转速运转，而且气门开度适当（70%左右）时，耗油量最小。在道路状况良好的情况下，尽量使用高速挡行驶。

▼ 开车也有小·窍门

5 避免急刹车

遇到需要停车的场合时，应尽可能避免急刹车，此时可以合理地使用加速—滑行的驾驶方法，因在相同的平均速度下，加速滑行比等速行驶省油。但加速行驶时，应以化油器的加浓装置不参加工作为限。同时滑行时发动机不应熄火，否则，不利于气压制动及真空加力制动的汽车的安全可靠的制动。

▲ 飞速的车轮

6 买辆省油车

要达到节油的目的，选择什么车型是最根本的。一般来说，排量越小越省油，流线型比非线型的省油。

快把这些专家总结出来的小常识，转告给爸爸妈妈，让他们在日常用车的时候注意省油，为国家节省更多的能源，为地球积蓄更多的能量。

▲ 步行交通

固体燃料的"热身运动"

提到燃料，同学们一定都不陌生，燃料就是燃烧时能产生热能或动力和光能的可燃物质，主要是含碳物质或碳氢化合物。燃料有固体燃料和液体燃料之分，生活中常见的固体燃料有煤、炭、木材等。而最近一直在燃烧界执政的固体燃料地位不保，液体燃料渐渐成为主导，这是为什么呢？让我们一起来看看。

▼ 优美的环境

① 液体燃料的定义

液体燃料属于燃料的一大类。是能产生热能活动力的液态可燃物质。主要含有碳氢化合物或其混合物。天然的有石油或者原油，以及由石油加工而成的汽油、煤油、柴油、燃料油等。

▲ 石油

② 液体燃料的优点

液体燃料相对于固体燃料有以下几个优点：①比具有同量热能的煤约轻30%，所占空间约少50%；②可贮存在离炉子较远的地方，贮油柜可不拘形式，贮存便利，胜过气体燃料；③可用较细输管输送，所费人工也少；④燃烧容易控制，基本上无灰尘。

▼ 煤

烧石灰用的燃料很广泛，固体燃料、气体燃料、液体燃料都可以，但新技术石灰窑的燃烧原则是，哪种燃料最经济、哪种燃料更有利于环保、哪些燃料更能节约能源，是新技术石灰窑的关键。现在使用普遍的主要是焦炭和煤气。就新技术来说最理想的还是煤气，包括高炉煤气、转炉煤气、焦炉煤气、电石尾气（煤气）、发生炉煤气等。因为这些气体燃料都属于废物利用，属于循环经济

▲ 焦炭

性质。特别是焦炉煤气，现在大部分放散，资源十分丰富；其次是高炉煤气；再就是电石尾气。这些煤气若利用起来，一来可大量节约能源，二来环境可得到保护，更重要的是企业可以收到很好的经济效益。

▼ 气烧石灰窑

这些气烧石灰窑，若大量发展起来，土烧窑污染环境的问题自然而然也就解决了。

为什么现在如此好的项目发展缓慢，主要是气烧石灰窑技术在我国发展起来的时间

还比较短，任何事物都有一个发展的过程，特别是焦炉煤气，由于它的热值高、火焰短、石灰窑使用容易过烧和生烧。因此有的企业不敢大胆使用。其实这不是太难解决的问题，林州现代科技中心已经研制出了外混式长火焰烧咀和石灰窑自循环稀释高热值煤气的工艺技术。完全可以解决焦炉煤气的烧石灰问题。烧石灰用燃料的多少，和它炉型与燃料的热值有关。煅烧石灰所需的热量是由燃料的燃烧而得，燃料的主要成分碳的燃烧过程的分子式为 $C+O_2 = CO_2$，气体燃料则是根据它的热值来计算的。

按实际经验生产一千克石灰约需960卡路里热量。但由于各厂的生产设备和工艺条件各不同也有区别。一般来说，烧一吨灰用高炉煤气需1600立方米左右，烧焦炉煤气需300立方米左右，电石尾气需360立方米左右，天然气需120立方米左右，发生炉煤气需900立方米左右。

看到液态燃料的形势如此走好，固体燃料们也"蠢蠢欲动"，为了提高自身的价值，它们开始做"热身运动"，转化为节能环保的液体燃料，来适应科技的发展，满足工业燃料的需求。

▼ 宇宙中的地球

燃料界的新秀

随着液体燃料的迅速走红，固体燃料纷纷背叛了原来的固态组织，投身于液化的革命大潮，又安坐在燃料界首位的宝座上高枕无忧了，可是就在这个时候，一个新生态资源的闯入让它们大惊失色，刚刚保住的地位，又摇摇欲坠了。人类思想里出现了个新名词：生物质液体燃料。

▲ 新能源

1 生物质燃油的产生

生物燃油产业的核心技术是生物燃油技术和能源作物的选育和种植技术。自"八五计划"期间已经开始生物燃油资源与转换技术的研究开发，采用传统技术用粮食和油料作物生产醇类和油类产品，这只限于在食品与轻工产业；制取燃料作为交通能源产业建设则是在"九五计划"期间由原国家计委公布实施。能源作物的概念对中国来说

粮食也能成为能源

是较新的，但其选育和种植技术的相关研究实际上已有数年的基础。

② "陈化粮"制生物燃油

目前生物燃油的主要原料为"陈化粮"。严格来说，以"陈化粮"制取生物乙醇并不能算在能源农业的范畴，因为就其主要用途而言，粮食作物与能源植物有本质区别。但这也为发展生物乙醇技术积累了技术经验和产业基础，待甜高粱等能源植物资源得到发展后，即可进行原料转移。

经国务院批准，原国家计委于2001年4月17日发布了中国实施车用汽油添加燃料乙醇的决定。同时国家质量技术监督局颁布了"变性燃料乙醇"和"车用乙醇汽油"两个国家标准。国家投资50余亿元，批准全国建立4个以消化"陈化粮"为主要目标的燃料乙醇企业，目前均已投产，

海边一角

总生产能力为100余万吨。粮食为燃料乙醇原料，每吨超过3000元，含加工费后，燃料乙醇成本超过4000元/吨。

国家规定2004年10月起黑龙江、吉林、辽宁、河南、安徽5省及湖北、山东、河北及江苏的部分地区，强制封闭使用车用乙醇汽油。到2005年，上述各省及其所辖市区，军队特需和国家特种储备除外，全部实现车用乙醇汽油替代其他汽油。

▲ 汽车更换乙醇汽油已是趋势

③ 发展生物燃油的必要性

1.需求性。中国未来的燃油供给是相当紧张的，本国生产、国际进口和煤炭液化所能供给的燃油都是有限的，这就为生物燃油的发展提供了良机。

2.经济性。生物燃油的经济性主要取决于自身的技术成熟度、规模化发展所导致的成本下降、石油价格（目前还较少考虑环境成本的内部化）。石油价格在短期内的波动性和不确定性较大，但长期看来，上升趋势相当明显，与之相比，随着技术的成熟和规模的提高，生物燃油的成本将不断降低，因此竞争力也会不断提高。

3.综合性。生物燃油工程一方面其核心技术的研发相当部分是在能源技术研究部分，一方面从特点上看也是典型的能源工程，它具有规模性，也具有时间性（所以需要能源规划）：如果是利用盐碱地、荒地改造，则存在改造期的问题，特别是能源林业还存在一个能源林从栽种到成林的生长期的问题。而从生物燃油的原料来源来看，则属于农林业范畴。中国能否顺利、协调发展生物燃油，有赖于能否把能源机构、部门和农林业部门的力量成功地整合起来。以美国为例，它在能源部和农业部下都设有能源农业项目，并且彼此之间建立了很好的沟通和协作。

4.政策性。一方面，生物燃油产业具有显著的能源、环境和社会效益，应当得到政策支持；另一方面，国家对土地使用的规划性非常强，需要在土地规划中为能源农林业的发展提供空间。

生物燃油的产生和发展不但为我们有效地节约了燃料能源，变不可再生能源为可再生能源，同时也减少了二氧化碳的排量，保护了社会的环境，带来了不可忽视的社会效益。

▲ 减排是环保重点

盖盖盐

▼ 炒菜要少盐

同学们在看到这个题目后一定都觉得奇怪，什么叫盖盖盐呢？是新出的盐的品种吗？这种盐有什么独特的味道，或者是有独特的功效吗？当然不是了，所谓的盖盖盐是做饭时放盐的测量与取用方式，用盖称盐放盐，不但可以节约盐资源还可以掌握我们的正确摄入量，保证身体的健康。

我们都知道盐的学名叫氯化钠，现在人类就把食盐当做调味品，对食盐的摄取远远超过了实际需求。我们从食物中已经获取了相当一部分，只要每天再直接摄取4克就足够满足要求了。可是有的地方人均每天摄入多达18克，造成了该地区高血压比例也很高。

盐不仅是重要的调味品，也是维持人体正常发育不可缺少的物质。它调节人体内水分均衡的分布，维持细胞内外的渗透压，参与胃酸的形成，促使消化液的分泌，增进食欲；同时，还保证胃蛋白酶作用所必需的酸碱度，维持机体内酸碱度的平衡和体液的正常循环。人不吃盐不行，吃盐过少就会造成体内的含钠量过低，使人食欲不振，四肢无力，晕眩；严重时还会出现厌食、恶心、呕吐、心率加速，脉搏细弱、肌肉痉挛、视线模糊、反射减弱等症状。但是，多吃盐也对人体有害无益。科学家们研究的结果表明：盐能使人体"水化"，就是说盐对水有某种吸附力，人体内盐分多了，要求的水分也相应地增加，从而使过多的水分滞留在体内，从而引起高血压。

所以过多过少的食用盐都会危害到我们身体的健康，那我们应

▲盖盖盐

▲很多小区统一发放了标准盐勺

该怎样正确的、适量地称取食盐呢？方法很简单，下次当爸爸再喝完啤酒的时候，记得留下一个啤酒瓶盖，一个人正常的盐的摄入量应该低于6克，而一瓶盖的盛盐量正好是4克，也就是一个人一天应该摄入一个瓶盖加半个瓶盖这么多的盐。这样我们就可以根据菜的多少，食用的人数，以及每天摄入的次数来衡量称取适量的盐。

一个简单的小瓶盖，一个易学的小方法，就可以帮助我们解决健康的大问题。用瓶盖称盐，就可以保证我们科学地食用食盐，帮助初学做饭的小朋友们掌握盐的用量，因为盐细小轻便，家用的食盐也都是散放在调味盒，没有固定的大小，不能用眼睛来准确的衡量，并且盐的体积小，质量轻，我们不能每顿饭都用秤来称量。当你正挠头一条2千克大小的鱼要放多少盐时，你可以直接问问妈妈需要放入一瓶盖的盐还是瓶盖的几分之几的承载量的盐。简单明了，科学健康。

盖盖是精细的盐专家，是我们科学用盐的好帮手，同学们，你们喜欢这个方法吗？

▲ 啤酒瓶盖也能起大作用

科学用盐 ▶

调味品的
全能冠军

首先考同学们一个小问题，我们日常生活中的调味品都有哪些？在这些调味品中我们最最常用的是哪一种？你最喜欢的是哪一种？人类最最不能缺少的是哪一种，用途最多的又是哪一种呢？今天我们就把厨房的调味品排成排，给它们评出个一、二、三，选出我们全能的小冠军。

▲ 调味品

其实不用我说，同学们心里早就有了答案，这个全能小冠军非食用盐莫属了，因为在我们日常生活中，最最常用，也最最不能缺少的就是食用盐，可是盐除了调味还有什么别的用途呢？当手不小心划个口时，老人看到了总会说："撒上点盐，消消炎。"有的小朋友便秘的时候，医生会告诉他："早上起床后空腹喝一杯盐水，加快胃肠蠕动。"买来漂亮的新衣服洗第一水的时候，妈妈总会细心地叮嘱："水里放点盐，省得衣服容易褪色。"细细回想起来，生活中这样的画面还有很多很多，我们无意识地一直在和盐"打交道"。这位伴随着我们成长的神秘的老朋友，它究竟有多少种用途呢？

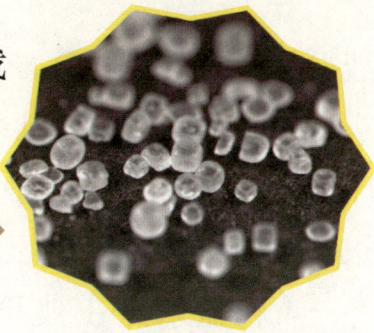

盐 ▶

盐的妙用

1.食盐是美容的武器，不仅能为我们的机体提供不可少的营养元素，还能为我们的身体做"美容"。

护齿：每日早晚用淡盐水漱口，可防龋齿；每隔三天用浓盐水刷牙，有洁齿消毒的功效。

去味：每天坚持用淡盐水漱口，可除口中异味；我们知道引起"口腔异味"的最主要原因是口腔内的大量细菌。我们的口腔内有大量专门食用食物残渣和坏死组织内蛋白质的细菌。这些细菌分解出难闻的气体，其中最难闻的气体是硫化氢（类似臭鸡蛋的味道）和甲基硫醇，而盐的化学成分是氯化钠，它可以与硫化氢发生反应，清除口腔内的垃圾，保持口腔的卫生，清除异味。

2.用盐水洗冻疮可止痒。冻疮是一种冬季常见病，以暴露部位出现充血性水肿红斑，遇高温时皮肤瘙痒为特征。

用盐水冲洗15分钟，可以有效地缓解红肿，加速血

▼ 离不开盐的佳肴

液循环，有效地止痒。

3.早上喝一杯淡盐水，有助排便通畅。天热时清晨一起床就喝些淡盐开水，保证出汗后体内钠含量仍基本符合要求，可以维护细胞的正常代谢，促进血液循环，排出宿便。

4.将盐水搽在被开水烫了的皮肤上，可减轻疼痛。因为盐水的渗透压和人体一样，不会让细胞脱水或者过度吸水，所以各种医疗操作中需要用液体的地方很多都用它。

5.洗澡时，水里放点盐，可治疗皮肤病。因为盐可以消炎杀菌，所以用盐水洗澡可以除菌，减轻皮肤瘙痒。

6.用油炸食物时，将一点盐放入油锅内，油就不会向外溅了。

7.煮破了壳的鸡蛋时，水里放点盐，蛋白就不会流出来了。

8.将胡萝卜捣碎拌点盐，可以将衣服上的血迹擦掉。

干净的餐具

9.在盐水中煮过的玻璃杯或瓷碗不易破裂。

10.用盐可以擦掉铜器上的黑点。

类似的盐的用途还有很多很多，我们就不一一列举了，从这些日常生活的小窍门中，我们发现盐的用途又多又广。它不仅是我们生命的能量必须，也是生活中必不可少的帮手，因此我们更应该注意对盐的节约与保护，让这个调味品中全能的小冠军在我们的生活中发挥出更大的用途，为我们带来更多的便捷。

源源不断的太阳能

对于太阳能，同学们一定都不陌生，这个被人们视为开发重点的新能源，这个源源不断的可再生的能源，它来自天边那个叫做太阳的大火球，我们猜测它是太阳使者，是太阳公公派来造福人类、服务人类的能量使者。

▲ 造福人类的小·使者

太阳能，一般是指太阳光的辐射能量，在现代一般用做发电。自地球形成生物就主要以太阳提供的热和光生存，而自古人类就懂得以阳光晒干物件，并作为保存食物的方法，如制盐和晒咸鱼等。但却在化石燃料的减少下，才有意地进一步发展太阳能。太阳能的利用有被动式利用（光热转换）和光电转换两种方式。太阳能发电是一种新兴的可再生能源。广义上的太阳能是地球上许多能量的来源，如风能、化学能、水的势能等等。

太阳能既是一次能源，又是可再生能源。它资源丰富，既可免费使用，又无需运输，对环境无任何污染。为人类创造了一种新的生活形态，使社会及人类进入一个节约能源减少污染的时代。

我们现在对太阳能的利用多体现在太阳能集热器和太阳能电池。太阳能热水器装置通常包括太阳能集热器、储水箱、管道及抽水泵其他部件，另外在冬天需要热交换器和膨胀槽以及发电装置以备电厂不能供电之需。太阳能集热器在太阳能热系统中，是接受太阳辐射并向传热工质传递热量的装置。按传热工质可分为液体集热器和空气集热器。按采光方式可分为聚光型集热器和吸热型集热器两种，另外还有一种真空集热器。一个好的太阳能集热器应该能用20～30年。太阳能电池是对光有响应并能将光能转换成电力的

▼ 节能新时代

▲ 太阳能电池板

器件。能产生光伏效应的材料有许多种，如：单晶硅、多晶硅、非晶硅、砷化镓、硒铟铜等。它们的发电原理基本相同，现以晶体为例描述光发电过程。P型晶体硅经过掺杂磷可得N型硅，形成P-N结。当光线照射太阳电池表面时，一部分光子被硅材料吸收；光子的能量传递给了硅原子，使电子发生了跃迁，成为自由电子，在P-N结两侧集聚形成了电位差，当外部接通电路时，在该电压的作用下，将会有电流流过外部电路产生一定的输出功率。这个过程的实质是：光子能量转换成电能的过程。

由于太阳能还是一个较新的能源，我们在开发利用时还存在很大的难度，它的自身也存在着很大的利弊，为了更好地利用太阳能，我们应该更好地认识它的利与弊。

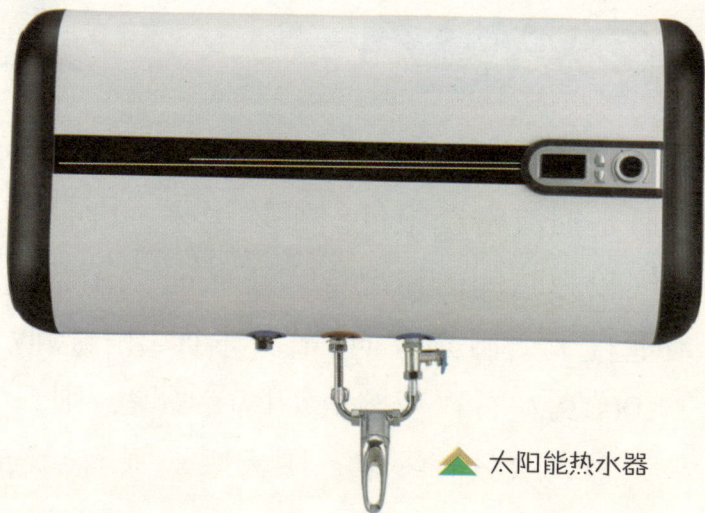

太阳能热水器

① 优点

1.普遍：太阳光普照大地，没有地域的限制，无论陆地或海洋，无论高山或岛屿，处处皆有，可直接开发和利用，且不需要开采和运输。

2.无害：开发利用太阳能不会污染环境，它是最清洁的能源之一，在环境污染越来越严重的今天，这一点是极其宝贵的。

3.巨大：每年到达地球表面的太阳辐射能约相当于130万亿吨煤，其总量为现今世界上可以开发的最大能源。

4.长久：根据目前太阳产生的核能速率估算，氢的贮量足够维持上百亿年，而地球的寿命也约为几十亿年，从这个意义上讲，可以说太阳的能量是用之不竭的。

取之不尽的阳光

② 缺点

1.分散性：到达地球表面的太阳辐射的总量尽管很大，但是能流密度很低。平均说来，北回归线附近，夏季在天气较为晴朗的情况下，正午时太阳辐射的辐照度最大，在垂直于太阳光方向1平方米面积上接收到的太阳能平均有1000瓦左右；若按全年日夜平均，则只有200瓦左右。而在冬季大致只有一半，阴天一般只有1／5左右，这样的能流密度是很低的。因此，在利用太阳能时，想要得到一定的转换功率，往往需要面积相当大的一套收集和转换设备，造价较高。

2.不稳定性：由于受到自然条件的限制以及晴、阴、云、雨等随机因素的影响，所以，到达某一地面的太阳辐照度既是间断的，又是极不稳定的，这就给太阳能的大规模应用增加了难度。为了使太阳能成为连续、稳定的能源，从而最终成为能够与常规能源相竞争的代替能源，就必须很好地解决蓄能问题，即把晴朗白天的太阳辐射能尽量贮存起来，以供夜间或阴雨天使用，但目前蓄能也是太阳能利用中较为薄弱的环节之一。

▲ 天气对太阳能影响较大

3.效率低和成本高：目前太阳能利用的发展水平，有些方面在理论上是可行的，技术上也是成熟的。但有的太阳能利用装置，因为效率偏低，成本较高，总的来说，经济性还不能与常规能源相竞争。在今后相当一段时期内，太阳能利用的进一步发展，主要受到经济性的制约。

为了能更好地利用太阳能，同学们现在就要好好学习立志于未来对太阳能的开发与利用，做地球的小卫士，祖国的小精英。

▼ 太阳能汽车

粒粒皆辛苦

　　"锄禾日当午，汗滴禾下土。谁知盘中餐，粒粒皆辛苦。"这曾经是常被用于儿童启蒙的诗句。可是现在，很多富裕起来的人已经忘却了这首从小背熟的诗的精髓。目前，我国提出"要在全社会形成崇尚节俭、合理消费、适度消费的理念"，真正要实现这一点，还需要人们从最基本的"吃"做起。

▼ 粒粒皆辛苦

丰盛的餐桌

　　有句老话说，"半饥半饱日子长"。当然，这话已经有些过时了，我们早已脱离了需要数着粮票，盯着米缸吃饭的时代。随着生活一天天变得富足起来，人们有条件去尝试着"奢侈"一把。中国人讲究饮食烹饪，接风宴、婚宴、寿宴、各种名目的聚会……饭店已成为富裕起来的许多人宣泄情感的场所。也正因为如此，餐饮业得到了飞速的发展。国家统计局的数据显示：2004年，中国人均餐饮消费576元，上海市人均餐饮消费水平为全国人均水平的3倍，而餐饮市场发达的广州市人均餐饮消费高达4143元，是全国平均水平的7倍以上。

　　而在西部一些贫困地区，一家人一年的收入也未必能达到这个数字。然而，在这巨大的

街头的餐饮业

增长背后，也隐藏着巨大的浪费。2004年，我国餐饮业消费总额超过7000亿元人民币，约占GDP总额的7%；而同期美国餐饮业消费总额3760亿美元，约占GDP总额的3%。这当中有中国作为发展中国家恩格尔系数偏高的因素存在，但浪费的原因也不容忽视。

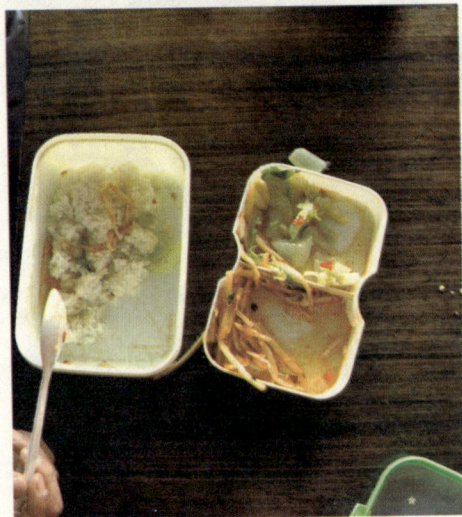
▲ 剩菜

在浪费粮食的现象背后，更可怕的是对浪费的漠视。

尽管，对于社会上各种形形色色资源和物品的浪费，早有公论：无谓的浪费是一种不尊重自然和他人劳动果实的可耻行为。然而，各种浪费现象依然比比皆是，包括在"天之骄子"云集的大学校园。某大学一食堂负责人介绍，每日为学生提供数十种菜肴，消耗数百千克粮食和几百千克蔬菜。但平均每天都能产生近100千克的泔水，每天有超过五分之一的食物被倒进泔水桶。算下来，一年就是上千万克粮食蔬菜被浪费掉，这些足够数十人整整吃一年。而这仅仅是一所高校的一个食堂。一位食堂清洁工讲，一日三餐，桌上没有剩饭菜的情况几乎没有，自己是从农村出来的，知道粮食是怎么来的，每天看着这些孩子们把整碗米、面吃剩倒掉，看着真让人心疼。

针对大学生浪费粮食这一现象。重庆工商大学一名副教授说："当前一些大学生的消费观确实令人担忧，问题的出现在于社会发展与相应教育脱节，物质匮乏的时代这种情况不会出现，但即便在物质较丰富的今天，传统节俭的美德人们也不应丢掉。"

我们国家的粮食已经富裕到了可以不提节约、肆意挥霍的地步吗？稍微关心时政的人都知道，我国已经成为世界上最大的粮食进口国，且进口数量在逐年增加。在每年为此花费巨额外汇的同时，粮食安全问题也已经成为从中央高层到社会舆论普遍关注的重大问题。在这种背景下，触目惊

▲ 节能不能忘

心的浪费粮食现象，更令人担忧。有识之士指出，在解决我国粮食问题的思路中，粮食节约理应作为重要的一环；只要人人都珍惜我们手边的粮食，消费得更趋合理一些，许多问题都会迎刃而解。

因此，节约用粮，适度消费，应该是你我他每一位公民的共同选择。在现有的国情下，"节约粮食"的口号应该重新叫响。

建设节约型社会，关系到我们每一个人。节约资源，健康生活，让我们从珍惜粮食开始做起吧。

▲ 珍惜粮食

变废为宝，
胜过魔术师

我们每个人每天都会扔许多垃圾，你知道这些垃圾到哪里去了吗？你们平时都是怎么处理这些垃圾的呢？其实清理垃圾同样有很大的学问，分类处理不但可以减少垃圾的占地面积，保护环境，还能很好地节约能源。

▼ 能源时代

我们日常倒掉的垃圾，通常是先被送到堆放场，然后再送去填埋。垃圾填埋的费用很高，处理一吨垃圾的费用为200～300元人民币。人们大量地消耗资源，大规模生产，大量地消费，又大量地产生着废弃物。

难道我们对待垃圾就束手无策了吗？其实，办法是有的，这就是垃圾分类。垃圾分类就是在源头将垃圾分类投放，并通过分类的清运和回收使之重新变成资源。

从国内外各城市对生活垃圾分类的方法来看，大致都是根据垃圾的成分构成、产生量，结合本地垃圾的资源利用和处理方式来进行分类。如德国，一般分为纸、玻璃、金属、塑料等；澳大利亚，一般分为可堆肥垃圾、可回收垃圾、不可回收垃圾；日本，一般分为可燃垃圾、不可燃垃圾等等。

如今中国生活垃圾一般可分为四大类：可回收垃圾、厨余垃圾、有害垃圾和其他垃圾。目前常用的垃圾处理方法主要有综合利用、卫生填埋、焚烧和堆肥。

1.可回收垃圾主要包括废纸、塑料、玻璃、金属和布料五大类。废纸：主要包括报纸、期刊、图书、各种包装纸、办公用纸、广告纸、纸盒等等，但是要注意纸巾和厕所纸由于水溶性太强不可回收。塑料：主要包括各种塑料袋、塑料包装物、一次性塑料餐盒和餐具、牙刷、杯子、矿泉水瓶等。 玻璃：主要包括各种玻璃瓶、碎玻璃片、镜

玻璃

子、灯泡、暖瓶等。金属物：主要包括易拉罐、罐头盒、牙膏皮等。布料：主要包括废弃衣服、桌布、毛巾、书包、鞋等。通过综合处理回收利用，可以减少污染，节省资源。如每回收1吨废纸可造好纸850千克，节省木材300千克，比等量生产减少污染74%；每回收1吨塑料饮料瓶可获得0.7吨二级原料；每回收1吨废钢铁可炼好钢0.9吨，比用矿石冶炼节约成本47%，减少空气污染75%，减少97%的水污染和固体废物。

▲ 废电池

2.厨余垃圾包括剩菜剩饭、骨头、菜根菜叶等食品类废物，经生物技术就地处理堆肥，每吨可生产0.3吨有机肥料。

3.有害垃圾包括废电池、废日光灯管、废水银温度计、过期药品等，这些垃圾需要特殊安全处理。

4.其他垃圾包括除上述几类垃圾之外的砖瓦陶瓷、渣土、卫生间废纸等难以回收的废弃物，采取卫生填埋可有效减少对地下水、地表水、土壤及空气的污染。

这些垃圾处理的方法还大多处于传统的堆放填埋方式，占用上万亩土地，并且虫蝇乱飞，污水四溢，臭气熏天，严重地污染环境。因此进行垃圾分类收集可以减少垃圾处理量和处理设备，降低处理成本，减少土地资源的消耗，具有社会、经济、生态三方面的效益。

垃圾分类处理的优点

1.减少占地：生活垃圾中有些物质不易降解，使土地受到严重侵蚀。垃圾分类，去掉能回收的、不易降解的物质，减少垃圾数量达50%以上。

2.减少环境污染：废弃的电池含有金属汞、镉等有毒的物质，会对人类产生严重的危害；土壤中的废塑料会导致农作物减产；抛弃的废塑料被动物误食，导致动物死亡的事故时有发生。因此回收利用可以减少危害。

3.变废为宝：我国每年使用塑料快餐盒达30亿个，方便面碗5亿~6亿个，废塑料占生活垃圾的3%~7%。1吨废塑料可回炼600千克的汽油和柴油。回收1500吨废纸，可免于砍伐用于生产1200吨纸的林木。1吨易拉罐熔化后能结成1吨很好的铝块，可少采20吨铝矿。生产垃圾中有30%~40%可以回收利用，应珍惜这个小本大利的资源。大家也可以利用易拉罐制作笔盒，既环保，又节约资源。

快餐盒

分类处放垃圾，让可回收垃圾变废为宝，为我们的地球节约能源，为我们的生活创造二次能源，让我们共同努力，建设我们美好的家园。

请将垃圾及时分类 ▶

101

我们的家
是绿色的

　　同学们，你们去过森林吗？在童话故事中，很多的情节都发生在神秘的森林里，有些同学从小就对森林充满了向往，也充满了恐惧。其实森林是我们最好的朋友，它作为地球上可再生自然资源及陆地生态系统的主体，在人类生存和发展的历史中起着不可替代的作用。

　　新世纪即将到来之际，不断增长的经济和人口对森林造成的压力越来越大。

▼ 森林

人们对森林消失和森林破坏的关注，已成为国际环境问题的重要方面。在绿色植被中，森林有"地球之肺"之称。这是因为森林大量地吸收二氧化碳，制造人类和其他生物所需的氧气。树木是氧气制造厂，树木是粉尘过滤器，树木还是天然蓄水库和天然空调……

树木带给我们无穷无尽的好处……保护森林和植被，是我们对大自然的回报。

大自然一直在给予

1 森林的作用

森林是人类的资源宝库；

森林能保护土壤；

森林能涵养水源；

森林能调节气候，制造氧气；

森林能净化空气；

森林能消除噪声。

氧气的重要来源

▲ 公园里的大树

② 一棵树的价值

　　一棵树到底值多少钱？印度加尔各答农业大学的一位教授，对一棵树算了两笔不同的帐：一棵正常生长50年的树，按市场上的木材价值计算，那么最多值300多美元，但是如果按照它的生态效益来计算，其价值就远不止这些了。据粗略测算，一棵生长50年的树，每年可以生产出价值31250美元的氧气和价值2500美元的蛋白质，同时可以减轻大气污染（价值62500美元），涵养水源（价值31250美元），还可以为鸟类及其他动物提供栖息环境（价值31250美元），等等。将这些价值综合在一起，一棵树的价值就不是300美元了，而是20万美元了。

近年来，不少国家都在着手研究森林的间接效益。自1971起，日本用了3年时间对森林的间接效益进行了测算。日本有森林2500万公顷，每年能储存雨水2200万亿吨，防止水土流失57亿立方米，栖息鸟类8100万只，产生氧气5200万吨。翌年间接效益总值合人民币1280亿元，相当于日本1972年全年的总预算。芬兰的森林一年生产木材的价值仅为17亿马克，而森林在环境中的间接效益所产生的价值则为53亿马克。美国森林的间接效益价值为木材价值的9倍。我国云南省林业调查队，对全省的森林效益进行过测算，结果是森林的生态效益的总价值占森林总效益价值的94%，直接效益仅占6%。由此可见，评价森林的作用，不能单纯看它能生产多少木材和其他林产品，更重要的是要看它对保护生态环境、促进农牧业生产等方面的间接效益。

▲ 随处可见的树木

▲ 芬兰的森林

3 森林的危机

森林的危机主要是由人类引起的。人口的增长，农业用地不断扩展，大量森林、草场被破坏。掠夺似的开采使得全世界的森林越来越少。据联合国粮农组织的统计，目前地球上每分钟就有20多公顷的森林被毁掉，1950年～1985年，短短的30多年时间，全世界的森林面积就减少了一半。人类活动造成的环境污染也给植物带来了灾难。

森林为我们转化出更多的我们赖以生存的氧气，我们却回报给它们以致命的砍伐，这是人类自我毁灭的行为举动。请不要亲手毁掉我们绿化的家园，2012是玛雅人的预言，却不是地球生命的终点，让我们一起携手开展绿化，呼吁人们爱护我们的地球，爱护我们宝贵的森林资源。

满目疮痍的林地

和白色垃圾
say goodbye

被誉为"白色垃圾"的塑料袋用起来固然方便，但是，作为"20世纪人类最糟糕的发明"，塑料袋的弊病正日益被人们所认识，越来越多的国家制定了限制使用塑料袋的规定。

我国也自2008年的6月1日起，在所有超市、商场、集贸市场等商品零售场所实行塑料购物袋有偿使用制度，一律不得免费提供塑料购物袋。可以重复使用的布袋子、菜篮子，又重新回到人们温暖的怀抱，作为新时期的主人翁我们也要以节约能源为己任，响应号召，使用环保、可循环利用的购物袋。

使用环保购物袋 ▶

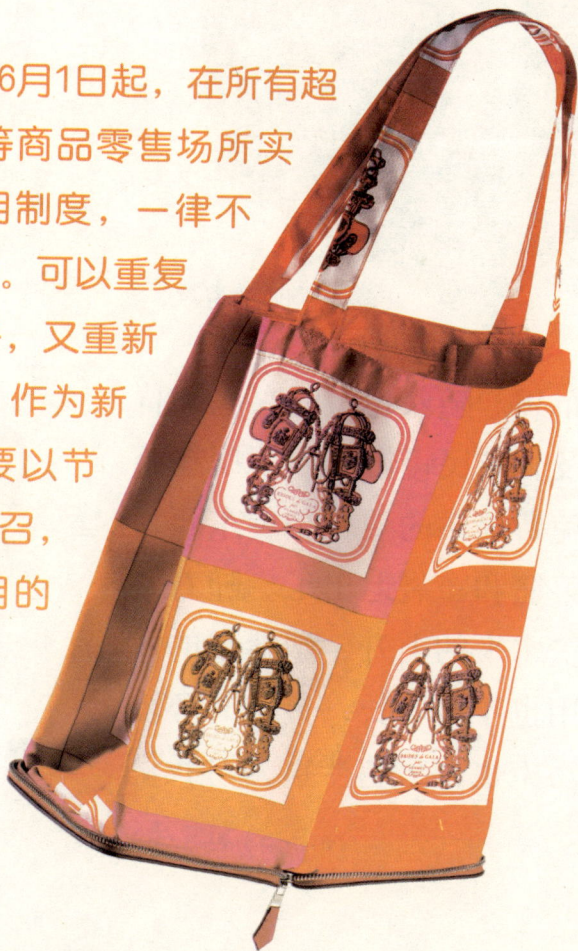

1 提倡拎篮带袋去购物

在一些居住的小区中，不时可以见到一些大妈老伯拎起菜篮、布袋去菜场和超市买菜购物，那是因为大家都觉得这样可以减少塑料袋的使用，减少污染，是件好事。现在人们跑菜场、上超市时，从家里拎只篮子或带只布袋，既方便又环保，我们应该在这方面带个头。

想当年家家户户都是拎着菜篮去菜场买菜，上商店购物往往也是自己拎只包带只

可回收的资源

布袋。随着超市的兴起和普及，市民慢慢习惯了用超市免费提供的塑料袋装东西，菜篮和布袋退出了。随着消费水平的上升，塑料袋的使用也年年增长，造成的环境污染也越来越严重，对我们

积极行动的一家

可持续发展所需的基础和提高民众生活质量都将带来诸多不利影响。

　　塑料袋曾经风行好多年的一些发达国家，如今已开始不用、少用、限制销售使用塑料袋了。在这方面我们也应有与"国际接轨"的意识，重新使用菜篮子和布袋子去购物，有利于节约资源和保护环境，并且从长远来说对提升百姓生活质量很有好处，我们理应身体力行，积极参与。

② 白色垃圾残存的势力范围

　　除了超市例行有偿塑料袋以外，我们还应该加大减用塑料袋的力度。比如餐饮行业的许多饭店、饮食店、熟食店也是塑料袋的使用大户，某著名连锁洋快餐的外卖就是用的塑料袋，大大小小品种齐全，每天的使用量也不少。部分供应早餐的摊、店也几乎是给顾客人手一个，而且在个别早餐摊用的还是对人体

▲ 禁止使用塑料带

有危害的再生塑料袋来装热的烧饼油条，这样的现象可以

说具有双重的危害。还有在大超市的水果、蔬菜、水产等散装品货物的旁边，就有许多任人取用的连卷塑料袋，这些塑料袋应该由什么材料的包装袋来替代？另外，现在还有许多马路摊点，如何将这部分人纳入"禁塑令"的范围，同样也是应该予以关注的。

加大宣传力度，全方位宣传教育。

真正解决问题，还是要在提高公民的环保意识上加大力度，社区的宣传栏、各种媒体能否在最近集中进行一些生动活泼、形式多样的限用塑料袋的宣传、引导，只有让大家都认识到塑料袋对环境的危害性，唤醒每个人的责任意识，从而自觉地抵制使用塑料袋。

想想曾经一度使大家非常头疼的非降解泡沫塑料饭盒，在正确的方法管理下，如今正在走向销声匿迹。我们应该相信，向塑料购物袋说再见，也许并不是那么难。

去参加环保活动

空气能的利用

现在商场有一种新型的热水器正在被大肆宣传推广：空气能热水器，它的广告词标语都是以节能和环保为中心，在大力宣传节约能源，爱护环境的今天，人们越来越多地开始注意这些节能又环保的新型家电。

空气也是能源？ ▷

① 什么叫空气能热水器

空气能热水器，又称热泵热水器，也称空气源热水器，是采用制冷原理从空气中吸收热量来制造热水的"热量搬运"装置。通过让工质不断完成蒸发（吸取环境中的热量）→压缩→冷凝（放出热量）→节流→再蒸发的热力循环过程，从而将环境里的热量转移到水中。而有关热泵的发展是随着工业革命的发展，英国物理学家J.P.Joule提出了"通过改变可压缩流体的压力就能够使其温度发生变化"的原理。1854年，W.Thomson教授（即Lord Kelvin勋爵）发表论文，提出了热量倍增器（Heat Multiplier）的概念，首次描述了热泵的设想，吸收空气中的低能热量，经过中间介质的热交换，并压缩成高温气体，通过管道循环系统对水加热，耗电只有电热水器的四分之一。该新产品避免了太阳能热水器依靠阳光采热和安装不便的缺点。

▲ 生命之源的阳光

② 工作原理

空气能热水器是按照"逆卡诺"原理工作的，形象地说，就是"室外机"像打气筒一样压缩空气，使空气温度升高，然后通过一种–17℃就会沸腾的液体传导热量到室内的储水箱内，再将热量释放传导到水中。

▼ 永不枯竭的能源

运用热泵工作原理制热，与空调制冷相反——国家制冷标准是1000瓦，电制冷2800瓦。根据热平衡的原理，同时最少产生2800瓦的热量，加上输入的1000瓦电，实际产生的热量在3000～4000瓦，把这些热量输送到保温水箱，其耗电量只有电热水器的四分之一（电热水器即使热效率100%，输入1000瓦电也只有1000瓦的热）。

▲ 阳光下的生物

③ 空气能热水器的优点

▲ 空气能热水器

空气能热水器不需要阳光，因此放在家里或室外都可以。太阳能热水器储存的水用完之后，很难再马上产生热水。如果电加热又需要很长的时间，而空气能热水器只要有空气，温度在0℃以上，就可以24小时全天候承压运行。这样一来，即使用完一箱水，一个小时左右就会再产生一箱热水。同时它也能从根本上消除了电热水器漏电、干烧以及燃气热水器使用时产生有害气体等安全隐患，克服了太阳能热水器阴雨天不能使用及安装不便等缺点。

空气能热水器最大的优点是"节能"。拿具体数据来说：30℃温差热水价格分别为：电热水器1.54分/升热水（电价0.42元/度）；燃气热水器1分/升热水（气2元/立方米）；空气能热水器是通过大量获取空气中的免费热能，消耗的电能仅仅是压缩机用来搬运空气能源所用的能量，因此热效率高达380%～600%，制造相同的热水量，空气能热水器的使用成本只有电热水器的1/4，燃气热水器的1/3。

通过我们对空气能的认识和了解，我相信同学们一定已经记住这个既节能又方便的空气能了。21世纪我们更注重节约能源，21世纪我们支持和鼓励新技术、新能源的开发利用，21世纪我们共同迎接与大自然和谐发展的美好生活。

大地的馈赠

提到天空，同学们一定就会想到大地，我们生活在天地之间，吸收着天地赋予我们的灵气，躺在沙滩上晒太阳，这是多么惬意的生活画面，想到了海子，想到了他的面朝大海，春暖花开。那天空婆婆送给我们空气能量，大地爷爷会送给我们哪种能量呢？

面朝大海

聪明的同学一定举手答道：地热能。不错，这个词对于我们并不陌生，新型建筑如雨后春笋般拔地而起，而建筑商们都选择了目前最受欢迎的既节能又方便持久的供暖方式——地热供暖。那么地热能是怎么产生的呢？

高楼大厦 ▶

1 地热能

地热能是由地壳抽取的天然热能，这种能量来自地球内部的熔岩，并以热力形式存在，是引致火山爆发及地震的能量。地球内部的温度高达7000℃，而在80～100千米的深度处，温度会降至650～1200℃。透过地下水的流动和熔岩涌至离地面1～5千米的地壳，热力得以被转送至较接近地面的地方。高温的熔岩将附近的地下水加热，这些加热了的水最终会渗出地面。运用地热能最简单和最合乎成本效益的方法，就是直接取用这些热源，并抽取其能量。地热能是可再生资源。

▲ 地热

2 地热的利用

1.地热发电

地热发电是利用地热的最重要方式。高温地热流体应首先应用于发电。地热发电和火力发电的原理是一样的，都是利用蒸汽的热能在汽轮机中转变为机械能，然后带动发电机发电。所不同的是，地热发电不像火力发电那样要装备庞大的锅炉，也不需要消耗燃料，它所用的能源就是地热能。地热发电的过程，就是把地下热能首先转变为机械能，然后再把机械能转变为电能的过程。要利用地下热能，首先需要有"载热体"把地下的热能带到地面上来。目前能够被地热电站利用的载热体，主要是地下的天然蒸汽和热水。按照载热体类型、温度、压力和其他特性的不同，可把地热发电的方式划分为蒸汽型地热发电和热水型地热发电两大类。

2.地热供暖

将地热能直接用于采暖、供热和供热水是仅次于地热发电的地热利用方式。因为这种利用方式简单、经济性好，备受各国重视，特别是位于高寒地区的西方国家，其中冰岛开发利用得最好。该国早在1928年就在首都雷克雅未克建成了世界上第一个地热供热系统，现今这一供热系统已发展得非常完善，每小时可从地下抽取7740吨80℃的热水，供全市居民使用。由于没有高耸的烟囱，冰岛首都已被誉为"世界上最清洁无烟的城市"。此外利用地热给工厂供热，如用做干燥谷物和食品的热源，用做硅藻土生产、造纸、制革、纺织、酿酒、制糖等生产过程的热源也是大有前途的。目前世界上最大的两家地热应用工厂就是冰岛的硅藻加工厂和新西兰的纸浆加工厂。我国利用地热供暖和供热水发展也非常迅速，在京津地区已成为地热

▲ 硅藻土

利用中最普遍的方式。

3.地热务农

地热在农业中的应用范围十分广阔。如利用温度适宜的地热水灌溉农田，可使农作物早熟增产；利用地热水养鱼，在28℃水温下可加速鱼的育肥，提高鱼的出产率；利用地热可建造温室，用来育秧、种菜和养花；利用地热给沼气池加温，提高沼气的产量等。将地热能直接用于农业在我国日益广泛，北京、天津、西藏和云南等地都建有面积大小不等的地热温室。各地还利用地热大力发展养殖业，如培养菌种、养殖非洲鲫鱼、鳗鱼、罗非鱼、罗氏沼虾等。

地热能为我们的生存、生活提供了更好更便利的条件，但是过度使用地热能也会增高地球的温度，造成环境的污染、生态的破坏，因此，我们在使用节约能源的同时，也请注意节约使用我们的节约能源。同学们，如果你们家是地热供暖，请别忘记离开屋子前关闭地热，室内不要保持过高的温度。我们要为地球降温，给能源减压。

▼工业化的急速发展

低碳生活，简约家装

家，是我们每个人心中最温馨的港湾，它为我们遮风避雨，它供我们栖息打闹，它是我们最初的天地。相信每个同学都想动手装饰我们的天地，或者很多同学都已经把自己的小屋布置成了人间天堂，世外桃源。但是同学们，当我们把家变得美观舒适的时候，请别忘了为我们地球——这个大家环保、节能。

▲ 装修也环保

那什么样的装修是最美丽又最健康又最值得我们提倡的呢？低碳家居生活，先从装修着手。

"低碳"是一个涵盖内容非常广的概念，所有能够降低二氧化碳排放的方式都可以统称为低碳，包括工业生产上的节能减排、建筑的绿色设计、汽车的节能等。低碳生活对于家居来讲，也能尽量节约能源，减低有害物质的排放。

1 简约大方最利于节能

近几年来，简约的设计风格渐渐成为家庭装修中的主导风格。而简约的风格恰恰就是家装节能中最为合理的关键因素，当然简约并不等于简单，只要设计考虑周全，简约的风格是很适宜现代装修，特别是年轻人的装修使用的。而且这样的设计风格能最大限度地减少家庭装修当中的材料浪费问题。通透的设计如今也慢慢被越来越多的业主所接受，而这样的设计在保持通风和空气流通的同时，也很大程度上减少了能源浪费。

▲ 简约家装

▼ 深色系不宜过多

2 色彩回归环保自然

以前的家居总是千篇一律的白色，随着化工产业的发展，家居的颜色越来越多。其实色彩的运用也是关系到节能的，过多使用大红、绿色、紫色等深色系其实就会浪费能源。

特别是高温时节，由于深色的涂料比较吸热，大面积设计使用在家庭装修墙面中，白天吸收大量的热能，晚上使用空调会增加居室的能量消耗。

3 绿色建材筑就低碳生活

在装修过程中，其实可以更多地在一些不注重牢度的"地带"使用类似轻钢龙骨、石膏板等轻质隔墙材料，尽量少用黏土实心砖、射灯、铝合金门窗等。而在一些设计上也可以考虑放弃，比如绝大多数家庭只是偶尔使用的射灯和灯带，其实是造价不菲的设计，很可能成为一大浪费。完全可以通过材质对比、色彩搭配等各种手段，替代射灯和灯带。

此外，搬新居时，能继续使用的家具尽量不换。多使用竹制、藤制的家具，这些材料可再生性强，也能减少对森林资源的消耗。孩子的房间可采取手绘的装修，节省了建筑材料的同时也开启了孩子的灵感之门。尤其在这个奉行个性的时代，与众不同、标新立异是每个年轻人追求的标准。给孩子一个创作的机会，给自己一个爱护环境的机会，给森林一个喘息的机会，给世界更多发现的机会……

这个世界并不缺少美，缺少的只是发现美的眼睛。这个地球上并不缺少资源，缺少的只是爱护环境，节约资源的环保卫士。手拉手，心连心，我们一起创造美，手拉手，心连心，我们一起宣传美。

我的电视机

"我家有一台电视机，它是个七彩的小房子，我想悄悄地啊走进去，可不知道门儿在哪里。"一首儿歌真实地反映出儿童心灵世界的奇幻多彩，也看出了儿童时代电视机对我们的吸引和影响之大。那对于我们这个儿时之友，我们究竟了解多少呢？我们又应该如何与它相处呢？

▲ 看电视

电视机是最常见、使用频率最高的家用电器，随着科技的发展，电子事业的突飞猛进，一代代的新型电视机不断推出，新旧交替地取悦着一代代人们的心，

▲ 电视机更新换代较快

液晶电视、等离子电视、数字电视……越来越多的新名词

传进人们的耳朵，越来越多的新品种搬进了家家户户的住宅。与以往的电视比，新型电视有什么优点呢？哪种电视最最节能呢？

液晶电视，又称LCD（Liquid Crystal Display）电视，是利用液晶的光学各向异性的特性，在电场作用下对外界光进行调制而实现信息显示的一种显示技术，采用彩色滤色器，液晶显示易于实现彩色显示。彩色薄膜液晶显示器（TFT-LCD）具有分辨率高、工作电压低等特点，可以做成各种大小尺寸的屏幕。与传统彩电相比，液晶电视的优势主要体现在以下几个方面：

液晶电视

1.图像清晰度高，一般来说都能达到1024×758像素，完全符合未来高清数字电视要求。

2.机身轻薄，厚度在4厘米以内，仅有等离子电视的1/2～1/3，是普通CRT电视厚度的1/10左右。

3.外观时尚美观，十分吻合当代人们的审美情趣，尤其受到年青一代的追捧。

4.使用寿命长，一般可达到50000小时以上，按一天使用

等离子电视

8小时计算，可使用17年，比普通CRT彩电使用寿命还长。

5.环保节能，液晶电视采用逐行扫描与点阵成像，图像无闪烁，不会对人眼造成伤害。21英寸液晶电视功率为40瓦，30英寸为120瓦，比普通CRT彩电省电。

显然时尚美观又节能的液晶电视受到了更多人青睐，人们虽然正确地选对了省电的新型电视机，但却盲目地追寻超大屏幕的感受，而忽略了节能的另一个原则，适合、实用。选择最适合最实用的电视机即可，不用非得追赶潮流，盲目求大，50平的房子，硬塞进来个60寸的电视，悬挂在墙壁上，晚上当电视白天当镜子，这就大可不必了。越大的屏幕肯定耗电量越大，浪费能源越多，摆阔的同时也摆空了自己的腰包。

另外，在看电视的时候，要注意调节适当的亮度，能看清就好，不要过亮；也不要声音过大，影响邻里邻居的正常休息。这样我们在爱护自己、体谅他人的同时，也有效地节省了电资源的浪费，为我们节能再添一份力量。

节能住宅

同学们，你们听说过节能住宅吗？为了改变目前我国采暖地区住宅能耗大、污染严重、居住热环境质量差的状况，建设部推出了新型的节能住宅。它采用新型节能围护体系和综合节能技术措施，使采暖地区的住宅采暖能耗降低，达到国家规定的节能目标，并具有良好的居住功能和环境质量。

▼ 干净的生活环境

国家绿色生态住宅小区设计施工基本标准要求在保证舒适、健康的室内热环境基础上，采取各种有效有节能措施改善建筑热工性能、外墙、屋顶、门窗等的热工性能。导热系数要降到0.6以下。

要大开间、小进深。大进深是许多开发商节约土地资源、增加利润的重要手段，但这样的住宅难免会以牺牲一些房间的采光为代价。其实，在现代建筑技术设计下，无论是板楼还是塔楼，都可以做到通风透气，但南北朝向的板楼能达到最佳的节能效果。如果选择板楼，一定要选择大开间小进深的住宅，因为这样的房子采光好，不会有"黑房"，而且还能最大限度地做到通风透气。

▲ 明窗

既要明厅明卧，也要明厨、明卫。厨房和卫生间是病菌容易聚集的地方，现在不少住宅的厨房、卫生间都设计在房屋深处，有的卫生间唯一的通风处就是朝向卧室的门。潮气和异味散不出去的房间，就会带来健康隐患。而且，黑厨黑卫白天也需要开灯，一年算下来要多花不少电费。选择明厨、明卫，让阳光和清风把这两个最容易肮脏潮湿的房间变得清洁干爽。

另外在建筑时要选择节能玻璃窗。合适的墙窗比例很重要。目前流行落地窗，不少新建住宅开窗面积都很大。专家认为，时尚有时也会违背科学。窗户过大与节能建筑的理念是相悖的。玻璃一般比墙体保温效果差，家有阳光房的人都有共同感觉：这里温差变化大，长时间待着不舒服。

　　新风系统保持空气新鲜。由于现在城市空气质量不好，长时间开窗往往会使有害气体进入室内。有时由于住宅离交通干线较近，开窗户会有交通噪声。室内新风系统就能解决关上窗户也让室内空气新鲜的问题。新风系统采用一套空气转换系统，能把室外的新鲜空气过滤后传入室内，往往比开窗效果还佳。由于开窗少，室温也更不容易变化。恒定的室温让人们居住的更舒适，也减少地热和冷气的利用率，更进一步地节约了电力资源。

　　国家越来越重视节能意识的培养，越来越注重节能建筑的开发，我们相信，在不远的将来，我国一定会在我们共同的保护和开发下，变成万源之国，发出创新之光，展现节能之美！

新风系统▶

◀ 恒温让人们更舒适

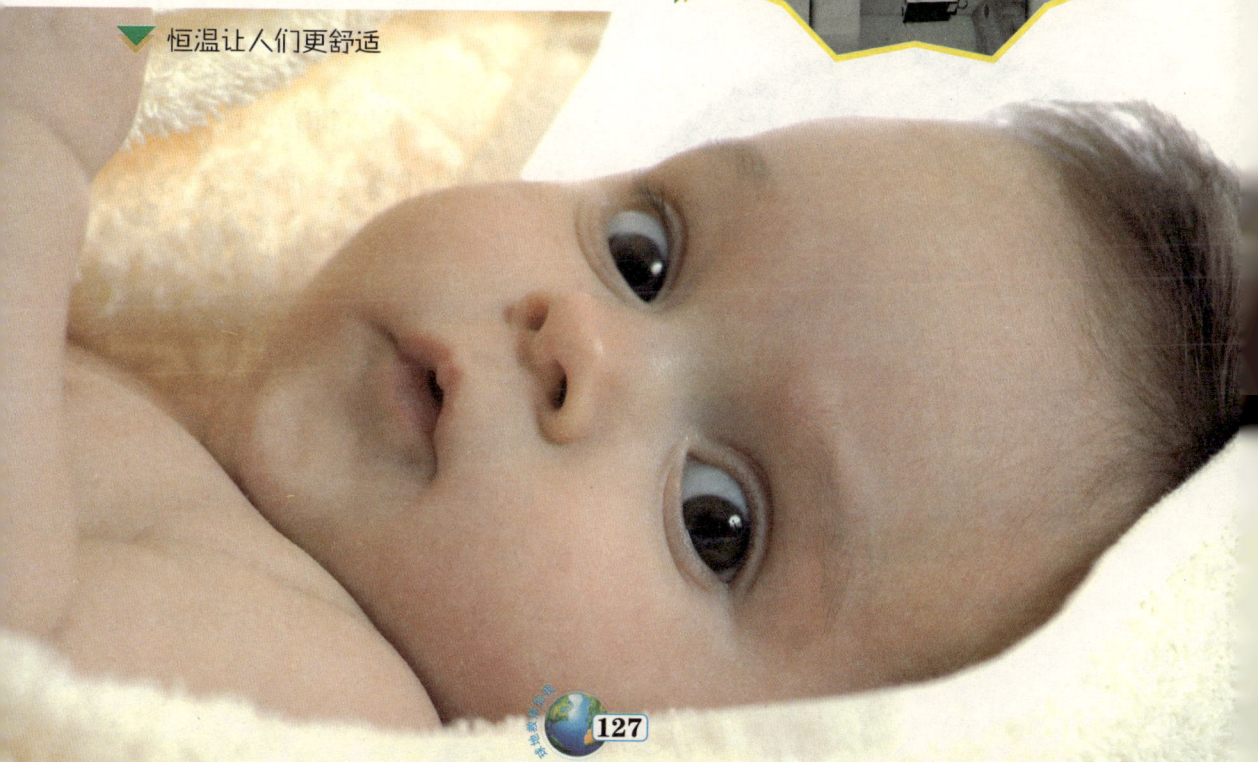

绿色消费，引领时尚

随着人们的意识在不断提高，人们开始把健康提升到了一个新的高度，越来越重视环保和身体的保养。新新时代的新健康标识就是一个字：绿。一时间绿变了大江南北，绿遍了生活的每个角落。绿色粮食，绿色水果，绿色消费，绿色文明引领了绿色时尚。

▲ 绿

▲ 生态和谐的自然

"十一五"期间针对绿色时尚，提出了：循环经济，就是按照清洁生产要求，对能源及其废弃物实行综合利用的活动过程。这一过程从根本上说，就是运用生态学规律，将人类经济活动组织成为"资源——生产——消费——再生资源"的反馈式流程，实现"低开采、高利用、低排放"，以最大限度地利用进入生产和消费系统的物质和能量，提高经济运行的质量和效益，达到经济发展与资源、环境保护相协调并且符合可持续发展战略的目标。

因此，以这种经济方式看来，只有放错了地方的资源，没有真正的废弃物。

发展循环经济，要求人们必须遵循减量化、再利用、资源化的基本原则，遵循生态规律和经济规律。这从总体上说，就是要改变过去重开发、轻节约，片面追求GDP增长；重速度、轻效益；重外延扩张、轻内涵提高的"三重三轻"的传统经济发展模式，把传统的依赖资源消耗的经济，转变为依靠生态型资源循环来发展的经济。循环经济既是一种新的经济增长方式，也是一种新的污染治理模式，还是一种新的促进经济发展、资源节约与环境保护相结合的一体化战略。

发展循环经济，要求我们必须树立人与自然的和谐共处理念。人类所从事的一切社会经济活动，都必须以地球上的资源和环境为依托。因而过分利己，以资源的破坏和环境的污染为代价换取一时的发展，必然会遭到自然的残

▼ 荒漠

酷惩罚。对此，恩格斯说得好："我们不要过分陶醉于我们人类对自然界的胜利。对于每一次这样的胜利，自然界都对我们进行报复。"

我们在与自然界的物质能量交换过程中，要重视形成人与自然和谐相处的能力，这样才有助于促进人自身的全面发展。

发展循环经济，要求我们树立绿色消费的社会时尚。提倡绿色消费，也就是提倡物质的适度消费、层次消费。这是一种与自然生态相平衡的、节约型的低消耗物质资料、产品、劳务和注重保健、环保的消费模式，是一种对环境不构成破坏或威胁的可持续消费方式和消费习惯。在日常的生活中，倡导消费者在消费过程中做好垃圾处理，尽量减少环境污染；鼓励消费者转变消费观念，在追求生活舒适的同时，注重环保，节约资源和能源；倡导消费者对商品的多次性、耐用性消费，减少一次性消费。

▲ 城市污染

"春风又绿江南岸"，改革城建之风吹绿了我们新的生存环境，发展循环经济，营造绿色消费时尚的精神吹绿了我们每个公民的思想，绿色城建，绿色人文，给我们的祖国又渲染了一层充满生机的新绿。

三亚建筑
刮起绿色节能风

　　同学们，你们喜欢一座座拔地而起的高楼大厦吗？当你躺在温暖的卧室里，听着音乐享受生活的时候，你有想过此时此刻有多少灾区的难民还在风餐露宿、飘落街头吗？忧国忧民的杜甫曾经发过这样的感慨："安得广厦千万间，大庇天下寒士俱欢颜，风雨不动安如山，呜呼，何时眼前突兀见此屋，吾庐独破受冻死亦足。"为了让更多的人住上楼房，建筑工人们夜以继日地工作；它带给我们希望的同时，也给能源带来了巨大的压力。

　　房地产行业是节能减排的重点对象之一，建筑使用的实心黏土砖不但毁坏土地资源，而且烧制过程中还消耗煤炭，严重加剧能源供需矛盾。如何减排、节能成为目前大家关注的话题，也成为衡量绿色建筑商的标准。

1 推广使用新型的墙体材料 三亚建筑刮起绿色风

由于实心黏土砖不但毁坏土地资源，而且在烧制过程中还消耗煤炭，严重加剧了能源供需矛盾。因此，三亚大力推广优质新型墙体材料，禁止使用实心黏土砖，重点推广符合国家标准的蒸压加气混凝土砌块、混凝土空心砖、各类砌块和板材等。

新型墙体材料是大势所趋

自2006年以来，三亚大力限制实心黏土砖的生产，节约资源，并鼓励利用地方资源优势的新型墙体材料企业，开发和生产合格的新型墙体材料。

2 低碳住宅成开发热点 节能高科技走进住宅

住宅科技化是住宅产业发展的必然趋势，这已经成为一种共识。过去，三亚在住宅科技化方面意识不强，起步较晚，落后于一些国内城市。现在，中水回用、住宅室内新风系统、小区24小时安防系统等高科技技术早已被住宅开发商普遍应用到自己开发的住宅中去。

住宅科技化

3 发展绿色地产 政府鼓励使用建筑节能技术

众所周知，三亚经济的主要产值是在旅游房地产、酒店和景区中实现的，而一大批酒店设施、住宅设施的空调、照明等是消耗能源的主要载体，毋庸置疑，建筑节能是三亚节能领域的当务之急。

近年来，三亚积极开展建筑节能工作，并进行了许多有益尝试。其中，推广应用太阳热水系统与建筑一体化技术就是一个力证。三亚常年阳光充足，年日照时数超过2000小时，能充分满足太阳能热水器所需要的热能，适合推广使用太阳能热水器，这是三亚区别国内其他城市的一个显著特点。

△ 太阳能利用

根据这一特点，三亚充分发挥太阳能资源优势，在全市民用建筑中推广应用太阳热水系统与建筑一体化技术，以更低的能耗建设"绿色生态建筑"。三亚出台的《关于推广应用太阳热水系统与建筑一体化技术的通知》中明确规定：自2007年1月1日起，凡新建、改建的12层及以下住宅建筑和宾馆酒店将全面推广太阳能热水系统一体化；并要求建筑工程要同设计、同施工、同验收，方可交付使用。

为进一步推进建筑节能工作，目前，三亚政府鼓励企业积极开展窗系统节能技术、屋面节能技术、绿化降温节能技术、空调系统节能技术、公共建筑节能技术等技术的研究、开发、工程应用工作，整体提升全市建筑节能水平。

▲ 绿化降温

节能，照亮未来之路

光，照亮了世界，也照亮了地球的生命，是我们日常生活中不可或缺的能量。我们的未来是什么？在面临重大变化考验

绿色能源

的时候，作为社会主义接班人的我们，更需要思考未来的前瞻性，这不仅仅是为了可持续发展的生活，更是社会道德伦理的要求。因此我们要积极倡导"绿色转换"，通过有意义的创新推动全社会向高效节能的绿色照明转换。

工业革命后逐步成型的现代经济模式，更多的是依托煤炭、石油等矿物能源获得发展，二氧化碳的巨量排放，改变了气候运行的规则，使得世界气候逐渐恶化，成为对全球范围的可持续发展的最大挑战之一。

从根本上减少二氧化碳排放：除了寻找清洁的替代能源和提高现有能源的利用效率外，采用高效的节能手段可能是最主要的实现途径。尤其是针对无论是生产还是生活，都必不可少的领域。比如，照明。

减排，人人有责

普通一只节能灯，就能比白炽灯减少多达80％的能源。而世界节能照明的领导者飞利浦提供的全方位解决方案，则至少能节省40％的能源与减少可观的二氧化碳排放。现在，照明用电大约占全球用电量的19％。全球如果都使用节能照明设备，一年中就可以节省1200亿欧元的开支，相当于可以节省18亿桶石油，从二氧化碳排放量上来说可以减少6亿3千万吨。

作为人类经济活动聚集的主要场所，城市是能源消耗的重要场所。而写字楼，更是城市能源消耗的重要部分。我们可以自发地组织小团队，在午休或放学以后分小组去走访各个写字楼，告诉他们能源的危机与浪费能源的可耻，让他们自觉地节约用电，不要再大手大脚地挥霍地球的

写字楼

能源，摧毁我们几十亿人的幸福。让写字楼的灯光"黯然失色"，让位于城市中心建筑区的所谓的"腐败一条街"不再灯火通明。

灯红酒绿的生活吞噬着可持续发展的期待，彻夜通明的娱乐城，映黑了人们心中的光明。我们呼吁社会各个领域的人们，以节能为己任，让室内偶尔断电，让地球保持长明。

作为全球照明行业的领导者，飞利浦已经意识到照明对于气候的重要意义。荷兰皇家飞利浦电子公司照明事业部大中华区首席执行官林良琦先生就说："照明不仅仅具有实用功能，而且已经切实地影响到我们的生活、工作和感受。照明消耗了巨大的能源，在中国，照明能耗就占了电力总能耗的12%，而在美国这个数字更是达到了22%。在当今的经济环境下，汇集恰当的技术和服务，为客户创造新体验、发展新应用，并减少能源消耗的压力，是飞利浦刻不容缓的使命。"

照明，曾经只是为了点亮人们的生活，现在起，却要负担着人类寻求对抗气候危机和节能的双重任务。我们现在就要肩负起社会和生活赋予我们的责任，节能从今天做起，节能，照亮未来之路！

发展科技，为新能源接生

认真听课的同学一定记得，在政治课上老师经常讲：一个国家发展的根本是生产力的发展，国与国之间的竞争主要是科学技术的竞争。我们应该从小就立志报效祖国，努力学习文化知识，将来为祖国科技的发展，新能源的发掘或研制贡献力量。

▲ 未来的佼佼者

目前世界资源告急，挥霍无度的地球的主人们也开始担心忧虑，《2012》为世界敲响警钟，千年的忧患，几时才能告捷？就当人们一筹莫展的时候，一个新名词"可燃冰"以救世主的身份悄悄降临能源界。

可燃冰，能解千年能源忧？

1 什么是可燃冰

可燃冰又称"天然气水合物"，是水与天然气相互作用形成的晶体物质。在学术上它是这样被定义的：天然气水合物是在一定条件下由水和天然气组成的类冰结晶化合物，其化学成分不稳定，可用$CH_4 \cdot nH_2O$表示，n为水分子数。

可燃冰

可燃冰的分子结构就像一个一个的"笼子"，若干水分子组成一个笼子，每个笼子里面"关"一个天然气分子。可以关进笼子的分子除了甲烷外，还可以是二氧化碳、氮气、硫化氢等小分子的气体，它们被统称为气水化合物。

可燃冰有很强的浓缩（吸附）气体的能力，一体积的可燃冰可以分解为164体积的天然气和0.8体积的水，是其他非常规气源岩（诸如煤层、黑色页岩）能量密度的10倍，为常规天然气能量密度的2至5倍。

可利用的极地资源

可燃冰的开采方案主要有三种。第一是热解法。利用"可燃冰"在加温时分解的特性，使其由固态分解出甲烷蒸汽。但此方法的难处在于不好收集。海底的多孔介质不是集中为"一片"，也不是一大块岩石，而是较为均匀地遍布着。如何布设管道并高效收集是急于解决的问题。

方案二是降压法。有科学家提出将核废料埋入地底，利用核辐射效应使其分解。但它们都面临着和热解法同样布设管道并高效收集的问题。

方案三是"置换法"。研究证实，将CO_2液化（实现起来很容易），注入1500米以下的洋面（不一定非要到海底），就会生成二氧化碳水合物，它的比重比海水大，于是就会沉入海底。如果将CO_2注射入海底的甲烷水合物储层，因

▲ 南极

CO_2较之甲烷易于形成水合物，因而就可能将甲烷水合物中的甲烷分子"挤走"，从而将其置换出来。

3 面临的困难

但人类要开采埋藏于深海的可燃冰，现在还面临着许多新问题。有学者认为，在导致全球气候变暖方面，甲烷所起的作用比二氧化碳要大10~20倍。而可燃冰矿藏哪怕受到极小的破坏，都足以导致甲烷气体的大量泄漏。另外，陆缘海边的可燃冰开采起来十分困难，一旦出了井喷事故，就会造成海啸、海底滑坡、海水毒化等灾害。

由此可见，可燃冰在作为未来新能源的同时，也是一种危险的能源。可燃冰的开发利用就像一柄"双刃剑"，需要小心对待。

4 可燃冰与我国

据探测证据表明：仅南海北部的可燃冰储量，就已达到我国陆上石油总量的一半左右；此外，在西沙海槽已初步圈出可燃冰分布面积5242平方千米，其资源估算达4.1万亿立方米。据广州海洋地质调查局报告，在未来十年，我国将投入8.1亿元对这项新能源的资源量进行勘测，有望到2015年进行可燃冰试开采。

▲ 南海

我国从1993年起成为纯石油进口国，预计到2020年，石油净进口量将增至约2亿吨左右。

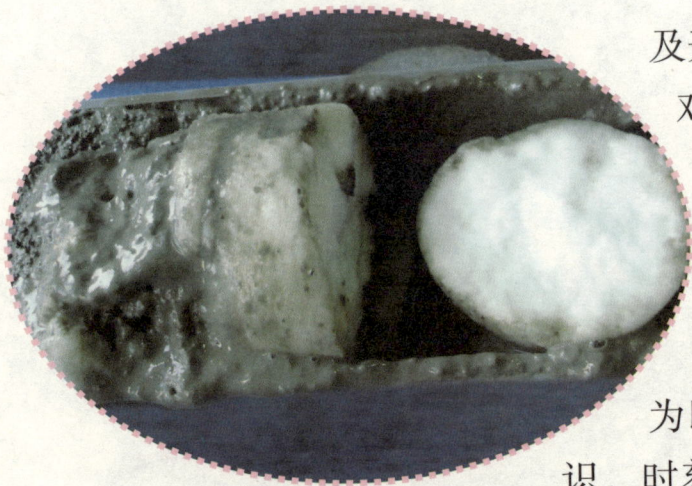

▲ 用之不竭的可燃冰

查清可燃冰储量及开发可燃冰资源，对我国的后续能源供应和经济的可持续发展，战略意义重大。让我们为好好学习，为以后的发掘积蓄知识，时刻准备着，为新能源接生。

十城千辆中国新能源
产业加速深化

　　作为新一轮国际竞争的战略制高点，新能源产业正孕育着新的经济增长点，第11届高交会紧密结合国家推动战略性新兴产业发展的相关政策，首次设立了"新能源与节能环保"专业展区，重点展示可再生能源、工业节能、建筑节能、交通节能、环保等全新产品、技术及服务，其中，与民众生活最为贴近的新能源汽车成为最大亮点，受到观众特别是车迷们的关注。让人们清晰地看到了中国汽车工业发展的未来。

▼ 交通节能

1 新能源汽车夺人眼球

　　不烧油的汽车、太阳能充电器、用垃圾油制成的生物柴油在国际油价居高不下，在煤炭、石油等一次性能源日益枯竭的今天，这些集节能、环保于一身的新能源、新技术在第十一届高交会上一亮相，便成为整个展会的亮点。在1号馆中新能源展区的参展项目，不仅涉及领域十分广泛，包括太阳能、节电、节水、污水处理、余热回收等等；而且产品的技术含量也更高。用太阳能材料铺设的展台地板，可以完全用光照带动整个展位的发电系统；没有压缩机的节能冰箱；白天吸热，晚上照明的太阳能玻璃等。

　　而在众多参展的新能源产品中，新能源车尤为瞩目。展厅内，一款自主研发的太阳能轿车以及由中科院研发的纯电动警车展现出新能源汽车崭新的一页。据了解，太阳能轿车将在未来的3年内，可能实现商

▲ 奇瑞新能源mi纯电动汽车

品化。而纯电动警车已被列入上海市的节能与新能源汽车"十城千辆"示范计划，并将作为世博用车在上海世博会上示范运行。而最引人注目的则是负责实地接待任务的安凯纯电动服务车，据介绍，安凯这款纯电动中巴服务车，是安凯自主研发的国内首款纯电动中巴车，此款车在2009

年的达沃斯论坛上就出色地完成了国家领导人和国际嘉宾的接待任务，是一款已经进入实用化的纯电动车型，能为前来参观的专业观众与相关企业带来最真实的绿色新能源亲身体验。这众多节能环保车型集体亮相高交会，不仅促进了产品技术进步，而且也缩短了新能源汽车与百姓间的距离。

② 新能源产业渐行渐近

新能源汽车的集体亮相，使高交会锦上添花，精彩不断。在不断谱写高科技企业成功传奇的历史进程中，"高交会"享誉海内外，赢得了"中国科技第一展"的美誉。此次，高交会首设"新能源与节能环保展"，成为新能源产业发展的"助推器"，让曾经觉得遥远的新能源科技正在一步步走近平常百姓家，而灵敏的市场人士也察觉到了变化，以新能源为代表的新兴产业正成为新的朝阳产业。

▲ 奔向新的产业

作为朝阳产业，政府的重视与推广是有目共睹的。如中国新能源汽车早已驶在路上。2010年2月，政府表示，到2011年新能源汽车销量占到乘用车汽车销量的5%；4月，政府宣布向购买纯电动汽车的消费者提供8000美元补贴，并投资在一些城市兴建汽车电池充电站；9月，科技部召集全国范围内的专家学者，为

▲ 快速的科技发展

"十二五"制定新能源汽车发展进行调研。而为了在更大范围推广应用新能源汽车，科技部和财政部共同启动了"十城千辆"电动汽车示范应用工程。即通过连续3年的推广，在对国内10个大城市，进行1000辆新能源汽车试验运行，由此扩大新能源汽车供应设施规模。

随着经济社会的发展、国家对发展新能源、节能环保的高度重视，新能源产业正逐步深化。高交会新能源与节能环保展区的设立，将进一步推动我国相关产业的发展，同时，安凯等新能源车服务用车的实际应用，也推动了新能源车商用化的步伐。随着"十城千辆"工程的有效推进，新能源车的运用也将逐渐壮大，将成为各大城市的一张含金量颇高的城市名片。

▲ 安凯新能源汽车

节能瘦身，
一举两得

　　随着国民生活水平的提高，肥胖渐渐成了许多人的心患，当人们在慢慢贪图于享受，出门坐电梯，下楼就开车，进屋就sit down的时候，肥膘也恋上了这种悠闲，所以黏在许多上班族的身上不肯离开。因为他们长期坐在办公桌前，懒得运动，加速了脂肪的积累，有着同样困扰的还有我们新时期的偷懒一族的学生。除了上学放学走路以外，体育课成了一周唯一的运动。

▼ 怀念运动的日子

最新研究指出，女性爬楼梯不但能消耗热量，对健康也有很大的益处！

美国研究报告指出，一天多次、每次花两分钟的时间做爬楼梯运动，可以降低体内坏胆固醇，并提高好胆固醇的数值；此外，对久坐的年轻女性来说，还能增进静止时的脉搏跳动次数。

由于长期以来多数女性的运动量严重不足，使得女性的心肺功能越来越衰弱，所以研究人员指出，这项简单、不费时的运动，对于改善女性的健康有莫大的好处。

研究人员接着指出，研究中所显示对胆固醇数值的改善，可以在三分之一的女性当中降低心脏病的发病率。在研究过程中，研究小组在这项运动计划的前后，

▼ 环保自行车

针对12位年龄介于18~22岁的女性，测量其胆固醇数值、摄氧量、心跳速率与血液中乳酸盐浓度数值（一种新陈代谢的测量）。

这些研究对象在公用楼梯上每天爬行两分钟，一个礼拜五天，结果与10位未参与这项有益的爬楼梯计划的女性相比较，这些爬楼梯的研究对象在经过七个礼拜后，在健康与运动程度上，都展现了极大的进步。

研究人员总结说：这项短期的爬楼梯计划对久坐的年轻女性而言，可以大大地增进其心血管的功能，这样的运动方式，对一般大众的健康来说，的确有很大的益处。

原来爬楼的益处如此之多啊，想要瘦身、想要健康的同学和上班族们注意啦，别再坐在椅子上梦想不劳而获了，也不要在为了减肥挠头或者浪费金钱了，下次出门尽量用步行代替坐车。在坐电梯前，停下按电梯的手，运动运动，爬楼梯

▲ 简单易行的健身方式——爬楼梯

去吧！保证足够的运动量，健康瘦身的同时也有效地节约了能源。

给电池充电

在我们的日常生活中，除了一些大型的家用电器用电源外，还有许多小的电器也需要电源，最常见、使用频率最高的就是手机、数码相机，还有手提电脑、手电筒、便携式收录机、PSP、电动牙刷等等。它们都配有一块原装的电池，可以用电池代替电源供电，使用起来更加方便，随身携带，随处使用。一块小小的电池，积蓄了如此多的能量，可以保证这么多电器的正常使用，我们在称赞电池的发明者的同时，也渐渐喜欢上了电池这个万能的小帮手。

▼ 手机电池不能随便扔

由于电池的体积比较小，积电量有限，不能发电更达不到长期供电，用尽体内的能量，就宣告了它生命的终结。在街边的某些角落，街边的垃圾桶旁，甚至在家里的某个角落，我们都可以看到电池的尸体。随着这些现代化电器使用率的不断提高，电池的需求量和使用量也不断地增加。我国是世界上蓄电池的生产和使用大国，蓄电池用量之大、用途范围之广，实属惊人。

2007年蓄电池全年产量近3亿只，全年销售额达110亿元人民币。看到这惊人的数字我们不仅为之一惊。这3亿只电池将会浪费多少的电能，释放多少危害环境的有毒物质？纽扣电池中含有汞，当其废弃在自然界里，外层金属锈蚀后，汞就会慢慢从电池中渗出来，然后通过各种途径进入人体，危害人的健康。无机汞在微生物作用下会转变成甲基汞，聚集在鱼类的体内，人食用了

▲ 尽量使用充电电池

这种鱼后，甲基汞会进入人的脑细胞，使人的神经系统受到严重破坏，严重者会发疯致死。一节一号电池烂在土壤里，它的溶出物可使1平方米的土壤丧失农用价值。一节废纽扣电池能污染上千万立方米的水，相当于一个百万人口城市一天的用水量。

为了减少废弃电池数目，避免电池中那些未被用尽的

电能的白白浪费，我们提倡使用节能的充电式电池。充电电池是充电次数有限的可充电的电池，配合充电器使用。市场上一般卖5号、7号，但是也有1号。充电电池的好处是经济、环保、电量足，适合大功率、长时间使用的电器。充电电池的电压比型号相同的一次性电池低，AA电池（5号充电）是1.2伏，9伏充电电池实际上是8.4伏，现在一般充电次数能在1000次左右。充电电池目前只有五种：镍镉、镍氢、锂离子、铅蓄、铁锂。每种都有自己的优点与欠缺，应用在各个不同的领域。

中国电池出口虽有大幅增长，但同时欧盟绿色壁垒、中国电池出口退税制度取消、原材料上涨、国外企业垄断高端市场等问题制约着中国电池行业发展。中国已成为全球最大的电池生产国和最大的电池消耗国，但产品更新换代不及时，生产自动化、机械化程度不高，为了适应世界电池业发展的趋势，中国必须致力于太阳能电池和燃料电池等新型电池的研发，大力发展高新技术的电池产品。

我们要支持新科技、新产品，提高电池电能的利用率，延长电池的使用寿命，用充电电池取代一次性电池，减少环境的垃圾，避免不必要的能源损耗。

左手垃圾，
右手能源

　　同学们，我们知道为了更好地节约电能，减少电资源的浪费，尽可能用能多次利用的充电电池。可是充电电池也有它的使用寿命，也面临着被遗弃的命运。废旧的电池会给环境带来污染，同时造成一部分能量的损失，那么怎么能对这种电能损耗"赶尽杀绝"呢？其实环保又节能的方法就是——旧电池的回收利用。

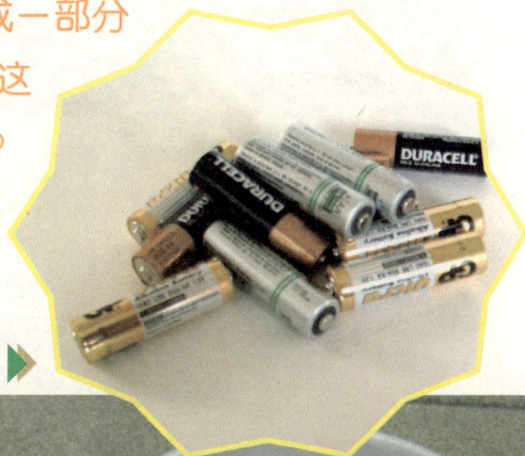

▼废电池应统一回收　　　废电池 ▶

同学们可能奇怪，废弃的电池还有什么功用呢？回收它又如何节能呢？其实啊，废电池中含有锌、锰、铜、银、汞、铁等多种金属元素以及数量相当可观的塑料、碳棒、铅等材料，将其再生利用是大有可为的。有人曾用焙烧—电解法处理1吨废电池，所得再生产品的价值为679元，加工成本为404元，净利275元，可见，废电池的资源再生，经济上是可行的。

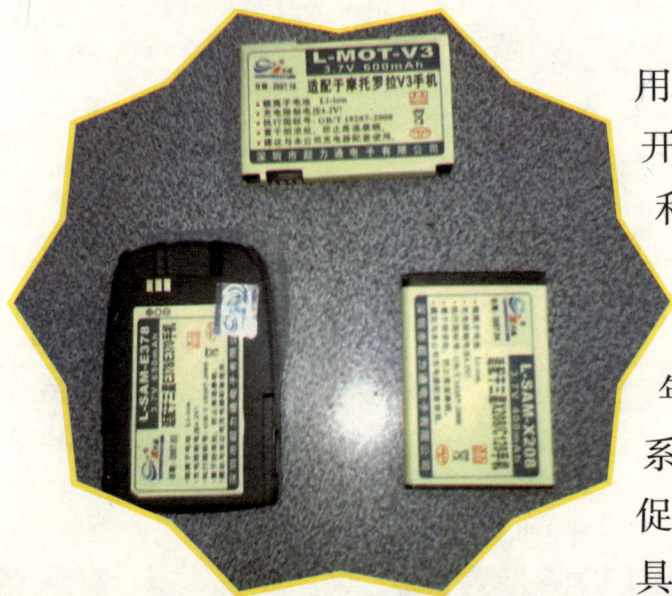

▲ 废电池对环境的污染不可忽视

废电池的回收利用工作，国际上早就开始了。瑞士和奥地利是世界上最早建立电池回收的国家之一，他们均于1976年建立了废电池回收系统。奥地利由生产促进会组织实施，其具体方法是：由各地回收商店采用以旧换新的方法进行，另外在一些人群集中的地方放置废电池回收箱，其回收率约占销售率的80%。

前民主德国从1984年起，组织群众回收废电池，在居民住宅门前、机关、矿厂门前设置防潮的废电池回收箱，同时，在出售干电池时，实行加收废电池回收抵押金的政策。日本在1984年成立了日本废物回收再利用中心，广泛开展包括废电池在内的废物回收与再生产利用工作，他们在全国各地的学校、商店、社会团体、企业和居民点普遍设立废电池回收箱约20万个，并对上交废电池的学生，实行有偿鼓励政策。我国在20世纪70年代也进行过废电池回收利用工作，并取得了一定的成绩，世界上有许多国家已先后研制出了一系列再利用工作。如日本二次原料研究所、日本服侍电机工业知识、瑞士高等机电工程学院以及奥地利等国家都先后研究开发了各自的废电池再生工艺，其中有一部分已在再生工业上应用。

回收废电池的产品有：含汞57%～60%的汞泥，含锌60%～80%的锌精矿和锰铁，该工艺可推广应用于现有锌厂和汞厂，按此工艺加工废电池有一定的经济效益。

总之，废电池的回收及利用，在国际上已有许多成功的经验，国内也已积累了一定的基础，在新的世纪里，开展此项工作是可行的。只是人们关于这方面的意识还很淡薄，所以同学们要继续做节能的传道者，告诉身边的人，废电池的回收利用可以为我们节省宝贵的能源，是制造垃圾还是留住能源只在我们的一念之间，让我们停住扔弃制造垃圾的手，将它们伸向节能的回收站。

▲ 锰铁

节能
是吃出来的

　　看到这个标题，同学一定会觉得非常奇怪，节能是节约能量，讲过度地使用能量和浪费能量，和吃有什么关系啊？难道还有什么节能的食品，吃了就能节能？当然不是了，节能和吃的确没有什么必然的联系，但是如果你在吃东西的时候多加注意，一定会节约很大能量，不信？现在就告诉你们是怎么"吃"
出来的。

食物的节能

▲ 常见蔬菜

有限的空间，接受不到阳光和雨露这些天然的营养，水果的供给量肯定会减少，所以冬天的时候，蔬菜、水果的价格往往比肉类更贵。一些会持家的妈妈想到了好的办法，她们在夏天把蔬菜买回来，用水烫过，在阳光下晾干，然后用食用袋包裹起来，冻在冰箱里，冬天再拿出来吃。我们不得不承认，科技的发展，冰箱的出现为我们的生活提供了便捷，它不仅可以储藏过冬的蔬菜，还可以在炎热的夏季，把一些常温的水果放在冷藏室内储藏降温。冷藏西瓜一定是同学们都用过的方法，冷藏后的西

▲ 含维C的西红柿

瓜吃起来更冰爽可口。但是这也恰恰是人们认识的误区。

因为冷藏水果不但让水果流失了原本的一些营养，改变了新鲜水果的味道，同时也耗费了更大电能，因为制造冷藏的水果，需要十倍的能量。

拒绝吃冷藏的水果，不但可以节约能量，还可以保持水果新鲜，保证它富含的营养。健康的饮食是吃出来的，正确的饮食习惯也可以节省更多的能量。

▼ 马铃薯

我是发电机

大家知道，电是利用发电动力装置将水能、石化燃料（煤、油、天然气）的热能、核能以及太阳能、风能、地热能、海洋能等转换为电能，用以供应国民经济各部门与人们生活之需，这些能源都是有限的地球能源。那么我们需要节约用电、节约电能，还有没有更好的发电方式，可以让人们脱离这些有限的能源发电呢？我们可以发电吗？

绿色出行工具

现在市面上有一种手动充电的电筒，在你出去前只需要用手不停地压动突出来的按柄，反复几次就可以充好电。同学们一定觉得很神奇，为什么重复地压一压，电能就会跑出来，灯泡就会亮起来了呢？其实这个神奇的手电筒里面只是一个直流发电机，手压时齿条带动电机转动产生电能，是动能转为电能的一个过程。

动能是取之于我们，用之于我们，而且是源源不断的可再生能源。拿着自己的力量储蓄能量，为自己照明，用自身的行动来节能环保，是不是很有成就感？要是我们每个人都用这种手动发电的手电筒照亮，取缔老式的手电筒，用到更多更需要的地方，那世界一定会节约很多的电能，可惜这种手动发电的电筒并没有普及，甚至很难买到，所以很多同学虽然有节能的这份心意却找不到这个节能的工具，今天就来教大家动手做一个简易的手动的发电机。

▲ 手动电筒

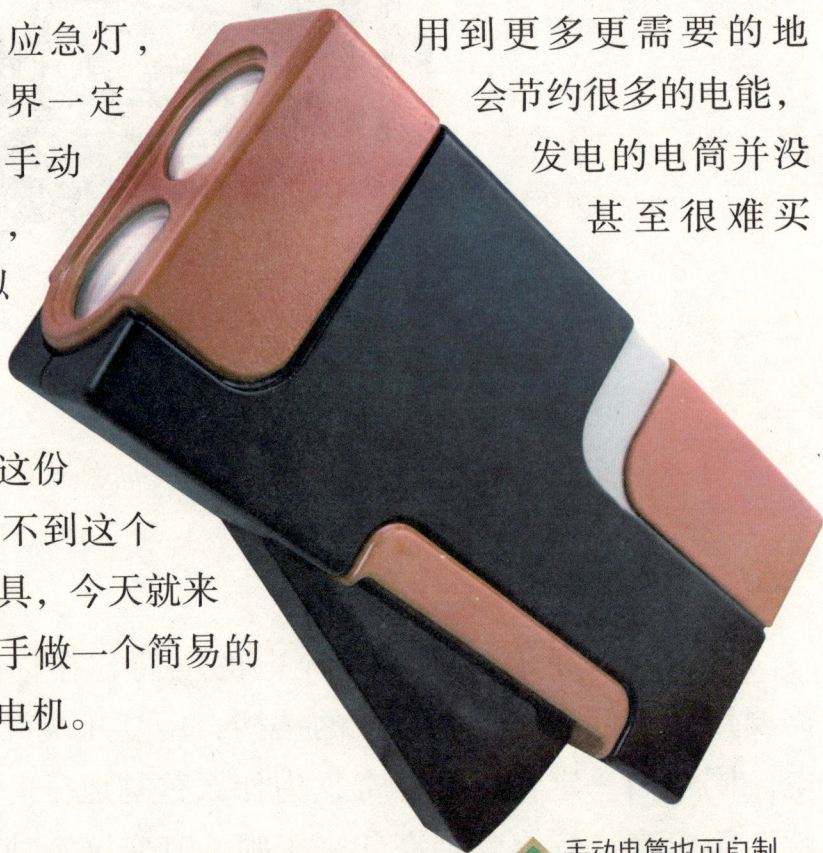

▲ 手动电筒也可自制

1 发电机工作原理

1.磁通量变化；

2.电路应是闭合的：

导体在磁场中作切割磁感线运动，就会产生感应电动势，再加上是闭合回路，就产生电流了。制作一个简易发电机，能使一个1.5伏的小灯泡亮起来。

【使用器材】3号碱性电池一个，漆包铜线若干，磁铁一个，大回纹针两个，细砂纸。

▲ 可爱造型的手动电筒

2 步骤

1.线圈头尾先预留7厘米长度，以漆包铜线绕着电池转七圈，取出线圈，将两条多出的线在圆周内缠绕并固定。

2.将两个回纹针弯折。

3.以胶带粘贴于电池的电极上(可再加一橡皮筋固定)，注意对称。

4.电池表面粘贴一磁铁（会自动吸住）。

5.将步骤1的线圈，以细砂纸磨去绝缘漆，将一端的线用细砂纸完全磨去外皮的漆，另一边则平放桌上后只磨去半边。

6.将前面绕好的线圈放在回纹针的架上，或许需要轻推一下线圈，然后线圈应该会很快转动起来，若是转不起来，请确定漆包线尾端是否刮干净了。若是转得不顺畅，请调整线圈的对称且平放于座上。

轮轴带动线圈转动，线圈外有磁铁，闭合回路在磁场中切割磁感线便会产生电流，连上一个1.5伏的小灯泡，我们就可以用自己发的电让它亮起来。但是因为电流很危险，所以同学们一定不要自己尝试，如果想尝试，请在家长的陪伴下，看到线圈转动，就代表你成功了。

手动电筒已很普遍 ▶

灯的发明为我们点亮了生活，小制作的成功为我们点亮了希望，相信在不远的将来，我们经过自己的努力可以发明出更好更便利的节能电具。

环保其实并不难

能源精灵的馈赠

提到暖气，北方的孩子一定都不陌生。在北方严寒的冬天，室外温度零下二三十度，就算裹着羽绒服也抵挡不住凛冽的寒风，尤其是飘雪的天气，同学们都会抱怨说：这个天就应该待在家里，抱着暖气包，哪也不去。看出来我们对暖气有多依赖了吧？

冬日

一个网民写道：记得小时候的冬天，站在家里的阳台上就能看到远方的几个大烟囱不停地冒着黑气，还以为是发生了火灾，赶紧跑回屋里告诉爸爸妈妈，这时妈妈就会笑着摸着我的头告诉我，那是锅炉房的烟囱。锅炉房要给我们提供供暖的热气，所以它们要不停地烧水，那个烟就是锅炉燃烧时排放出的气体。于是我赶紧跑进屋里摸着暖气包，果然烫烫的，真奇怪，几个大烟囱不停地吐气，就可以给我们送来这么多的热量。这位网民所说的就是热能的转换。其实我们除了用暖气包给我们的屋子供热，让它变暖以外，还可以利用它做更多的事情，带给我们更多的便利。

　　每到冬天的时候，来自底下的管道里的自来水都会冰凉，我们不能直接用它来洗脸刷牙或者洗东西，每次洗手之前都要先打开煤气灶烧上一壶热水掺着用，这样既麻烦又浪费能源。其实利用传热的原理，我们可以在喝完饮料剩下的大瓶子里灌上满满的水，然后放到暖气上烘上一天，这样晚上洗漱的时候就有热水用了，用完后别忘了再将瓶子灌满水放回暖气上，这样第二天早晨，我们仍然可以用到温度适合的热水。不用开煤气，不用热水器，我们仍然随时地用到热水。这真是一个天然的加热机。

　　除了热水以外，它还是一个天然的烘干机，在暖气上垫上一块隔色布后，我们可以把洗完的衣服放在上面，第二天醒来衣服就干干的了，一点都不比甩干后的晾晒来得慢，还节省了大量的电能。

我们还可以把一些怕凉的饭菜用保鲜膜包裹好放在暖气上保温。可以把外面拿回来的冰冷的酒水立在暖气旁缓温。

类似的暖气的用途还有很多很多，许多生活中的小窍门有待于我们去发现与利用。小小的暖气充当了生活中的能量大使，为我们带来便捷的同时有效地节省了电能、燃气能。既环保又节能。

生活中还有很多很多可以利用的能源，等待着我们去发现。苹果的落地让牛顿发现了万有引力，风车的转动启迪人们利用风车发电。从海水朝夕的涨潮、退潮人们又发现并利用了潮汐能。

大自然是个天然的宝库，蕴含着神奇的精灵，他们躲在暗处观察着我们的努力，等待着我们用双眼去努力寻找，用双手去努力求证，当我们发现它们的时候，它们将转化为一种能量，奖励我们的勤劳与智慧。

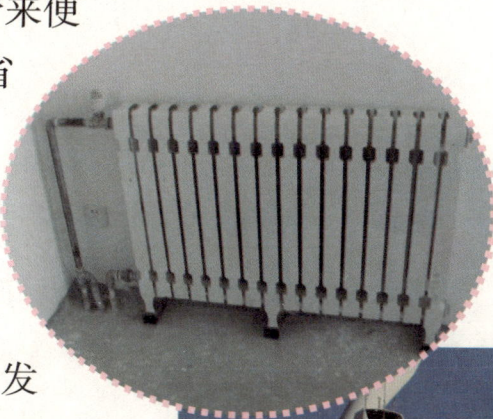

暖气对大部分人来说，还仅仅是取暖的工具而已

风能 ▶

给爱翅膀，让梦飞翔

▲ 七彩童年

都说童年是七彩的，每个孩子的心中都有一个色彩斑斓的梦，是理想或者是幻想，不管是什么都是一个美好的向往，是我们为之奋斗的目标。

我们是幸运的，生长在新社会和谐的大家庭里，过着衣食无忧的生活；我们是幸运的，倚在大树下听爷爷给我们讲历史的故事；我们是幸运的，坐在宽敞明亮的教室里，听老师给我们传播科学的知识；我们是幸运的，因为我们可以为自己心中的理想去拼搏奋斗。有梦的人就是幸福的，有希望就会有力量。和我们相比，贫困灾区的儿童是不幸的，自然灾害夺走了他们的幸福，亲人离散淋灭了他们的梦想，连温饱都无法解决的他们更无从去谈为理想奋斗。

同为华夏子孙的我们应该伸出援助之手，捐献我们不穿的衣服，用不完的课本，多余的文化用具，

要学会分享

生活用品，让这些对我们来说闲置的能源到灾区去发挥它们的用途与能量，让它们能够得到充分的利用，这样既帮助灾区儿童解决了温饱问题，让他们能够再背起书包去上学，也避免了我们能源的浪费。

因此同学们，当你们再有衣服不穿想要丢掉的时候，当你们再大手大脚地浪费作业本的时候，当你们随意破坏文具、无节制地购买玩具的时候，请想一想和你同龄的灾区的小朋友，他们正穿着单薄的衣服，他们正哭着闹着要背起书包去上学。当你再想浪费资源的时候，也请你想想灾区的小朋友，节约一切可利用的

家庭教育很关键

环保的希望

能源，不让能源流失，不让他们的梦想迷失。

当你看到那些差点被你遗弃的衣物或者浪费的纸张，在他们的身上和手中备受珍爱的时候，你会明白能源的重要，浪费的可耻。当你看到你捐助的小朋友或者是在你的帮助下重返校园的小伙伴，又能够为自己的梦想而努力拼搏的时候，你也会感到满足。当你关心和帮助了他人的时候，你也会因此而开心。

世间万物的存在都有它们的价值，当它在我们这里得不到应用的时候，也许别的地方正在等待它发挥用途，施人玫瑰，手留余香。

世间的爱无处不在，世间的关怀充满了每一个角落，告诉那些灾区的小朋友们，不要孤单，不要害怕，远方的朋友会向他们伸出援助之手，节约我们的能源，带给他们新的希望。给爱翅膀，送去关爱，用爱重新点亮你们的希望，让梦飞翔。

资源互置

同学们，你们小的时候和身边的小朋友换过玩具吗？当你看上了小伙伴手中的仿真娃娃而她却钟情于你的布偶时，你们索性互相交换一下，得意地捧着自己心爱的宝贝回家。那个时候你一定没有意识到，你在做着一件伟大的事情，这种物品的交换，其实是一种很好的能源节省，是资源的循环利用。

人类原始的商品买卖就是从交换开始，所以说这种能源的互换，循环利用是买卖的初始状态，当你身边或者手中有大量的剩余能源的时候，你可以用它来换取你想要得到却还不曾拥有的其他物品或者说是其他类能源。现实生活中这样的例子有很多。

比如当你看上了朋友的一款新型遥控小汽车，而你的好朋友一直垂涎于你买了许久的，装过一遍或者多遍对它已经失去兴趣的组装积木的时候，你可以用你的积木来换取他的遥控小汽车，这样既省去了一笔花销，也让你的积木再次得到了利用。这样的例子还有很多，哪些同学还有同样的经历与我们分享呢？

交换物品可以增进友情

女孩子在这方面的经历可能会比较多，当你慕名买了一款护肤品以后，发现它并不适合你的皮肤，这个时候你可以把它赠送给和你不同肤质的好朋友，这样既增进了友情，也避免了资源的浪费，或者当你不小心买了大小不合适的服装，你也可以把它赠送给身边可以穿的朋友，等你的好朋友有了什么多余的宝贝的时候自然也会想到你这个慈善"施主"。这样的礼尚往来，不仅减少了能源的浪费，还让资源得到了更好的利用。为了让这种节能的方式更好地开展，网上现在新兴起了交换之风，更多的物品交换的网络平台被"搭建"

起来，这样更大范围地开展起了交换的活动，给人们提供更广阔的视野，让能源得到更好的利用，五湖四海的陌生人都可以登录这个网站，结交新的朋友，通过更广阔的平台寻找自己需要的物品，在网络大潮中尽情地淘金，也可以让自己手中的"商品"得到更好的宣传和推广，找到更需要它的主人。而且每个地区为了方便本地人的物品互换，还在网络上建立起地域性的平台，让临近的朋友互帮互助，互给互足。还可以根据哪里是所需的物品比较丰富的地方，在网上搜寻该地的物品交换网。

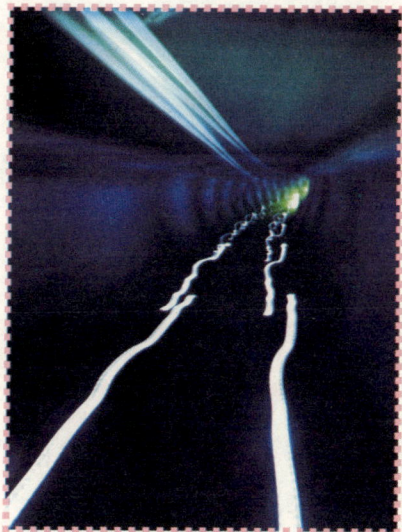

如果说一桥飞架南北，天堑变通途，那这就是一网笼罩四海，天涯若比邻。在网上你可以交换很多很多物品，不管新旧，不分种类，用衣服换鞋，用护肤

节能之轨

品换彩妆，用电饭煲换洗衣机，用书换练习册等等，可以让原来那些被白白扔掉的资源变成你手中的银两，为你换来所需的物品。

这种物品交换的中介除了网络还有报纸，最近电视报上有一刊都写着旧物交换的信息，还有预换某些物品，请求联系的电话。

新时期通讯的发达，网络平台充分的利用，为我们提供了更便捷的交换服务，让我们手中的资源得到更多的利用，让世界能源得到更好的节省。

粉笔的自述

提起我，大家并不陌生。只要你走进教室，就会看见讲台上有一个正方体的小盒子，里面躺着的就是我——粉笔。我的生命虽然短暂，但是丰富多彩。

1 衣装华丽的我

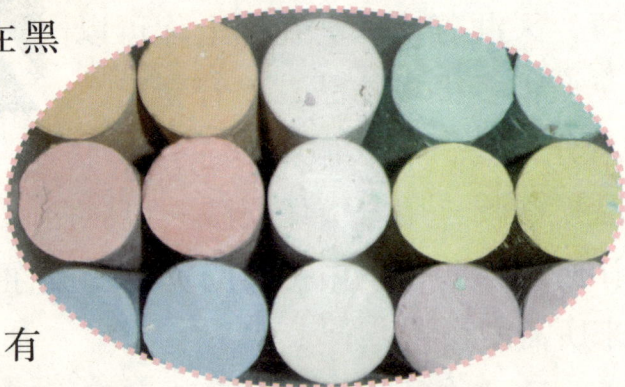
多彩的粉笔

为了方便老师在黑板上标注重点以示强调，生产者们还特地给我们穿上了华丽的彩装，我的伙伴们有蓝色、有红色、有粉色、有绿色、有黄色、有紫色，而我穿的则是出淤泥而不染的白纱，我们大家聚在一起的时候就像一个七彩的调色盘，也有很多的小朋友被我们的华丽所吸引，经常偷偷地把我的伙伴藏在衣兜里带走。每当过节或者大型活动的时候，我们也会一起合力，为黑板添置和谐的色彩。

2 称职劳累的我

　　我的主要工作，就是帮助老师将讲义的精要部分以及课堂的重点内容在黑板上板书，以方便学生记忆和理解。不过随着时代的进步，而今各种多媒体教学辅助设备不断问世，我充分感受到了竞争的压力。所以，我时刻提醒自己要认真细致地再现老师的讲课，而且还要做到字迹清晰。一节课下来，我的同胞们有的已经献出了自己的生命，有的也香消玉殒，但是看见学生们勤奋学习的样子，我们虽然受苦受累，却也心甘情愿。

▲ 展现色彩的美丽

3 无辜可怜的我

　　生产和制造我并不需要非常复杂的工艺，但是一些不法商人为了牟取暴利，掺假造假，使我的质量大打折扣。于是，有时我弱不禁风，老师写字时稍一用力，我便断为几截；有时我又硬得像根铁棍，在黑板上画过，字迹没有留下，却把黑板划出一条深痕。更有一些调皮的学生拿我当武侠小说里面的暗器，让我们未能奉献在黑板上，却损耗在追逐嬉闹中。唉，无辜的我啊，空有满腔热情，却无"报国"之路。

4 神奇多效的我

当我以为就这么无辜结束余生的时候，我被一个小朋友带回了家，他妈妈见了我以后十分开心，把我带到了一个鞋面发黄的白色网鞋跟前，细心拿着我涂抹起黄色的印痕，就在我香消玉殒的前一刻，一个恢复了洁白的网鞋落到了小男孩的手中。小男孩高兴地叫着："妈妈，粉笔真神奇，我的鞋恢复了原来的面貌。"以后我就停留在小男孩的脚上，骄傲地听着他和别人谈起我的功效。

▲ 小粉笔也有大作用

5 小男孩的呼吁

从那以后，小男孩再也不随便拿我的同伴们做手中的暗器，放学后他总是一个人留在教室，把教室里剩下的粉笔头捡起来放在一起带回家，他把我的同伴们磨成细面，装在钢笔帽里，加上水，加热后晾干，多个同伴又组合成一个新的生命，在教室里成为新的能源。

在班会上小男孩受到了表扬，他告诉同学们我的用途，以及要爱护我，节约资源，进行能源的再次利用，当同学们的掌声响起的那一刻，我开心地笑了。

▲ 粉笔画很流行

文具的自述

同学们，你们喜欢文具吗？我相信每个人的文具袋里都装了很多文具。在不同的时刻让他们发挥不同的用途，在提倡节能的今天，我们更要注重对文具的爱护，不要再随便地损坏我们的文具，造成资源的浪费。下面就让我们听听文具们的自述吧。

▲ 铅笔

❶ 铅笔的自述

我是一支小铅笔，来自一家文具店。长长瘦瘦的身体，使得我的"腰"都弯不下。我的头可有用处了。平时，小主人就是用我来写出漂亮的字的呢，这可都是我的功劳呀！唉，可小主人却忘恩负义。每当她写完作业，就会把我丢在一边不管了。还有的时候，她会随手把我扔在地上。哎，怪不得我怎么总觉"腰"酸，就像是里面的

▼ 彩色铅笔

"骨头"断了似的呢！我对她这两点特别不满。哎，真希望她以后多疼爱我一点，那该是多么美好哇！

② 我是可怜的小·橡皮

哇！这是什么地方？黑乎乎、臭烘烘，原来我在垃圾堆里。

我本来是白白的小橡皮，有个漂亮的家是文具盒。昨天，我的小主人不小心把我掉到了地上，就再也不管我了。可怜的我在外面流浪，被同学东一脚西一脚踩得好疼。

▲ 小·橡皮

放学了，我听见扫地的声音。哎呀，不好了，我就要被扫走了。我大叫一声："我的主人，快来救救我呀！"可是他太粗心了，根本不知道我在哪儿，就这样，我被扫进了垃圾堆。哎，我多可怜呀！

3 我是一支钢笔

大家好，想必你们都知道我的名字吧！我的名字叫钢笔，是日常学习用品中不可缺少的一件东西，你们写字的时候、做作业的时候都需要我的帮忙。我任劳任怨，时时刻刻地为你们服务，可是你们不知道我的主人对我的所作所为，如果你们不知道的话就听我慢慢告诉你们吧！先从我是怎样被我主人买去的，还有我的价值讲起。

▲ 钢笔

我是在一家有名的工厂的工人手上做出来的，当时我是一只名牌的钢笔，身穿一件金光闪闪的外衣，头上也带着闪闪发亮的帽子，好一般的威风。接下来我被用盒子装起来卖到一家大商场去，这家商场每天人来人往，凡到这里买笔的人绝大多都来看我，有的想买但因为价格太贵而没买，就这样我在这家商场待了一年。

光阴似箭，日月如梭。终于有一天，有一位父亲带着他的儿子来这里买笔，他儿子见到我这只独一无二的笔时，便对他旁边的爸爸说："爸爸，我就要这支笔，你看它多漂亮，外面金光闪闪的。"他爸爸没有办法只好买了，我高兴极了，决心好好地为我的主人服务。后来我才知道我的主人今年读三年级，十分淘气，常常不做作业。

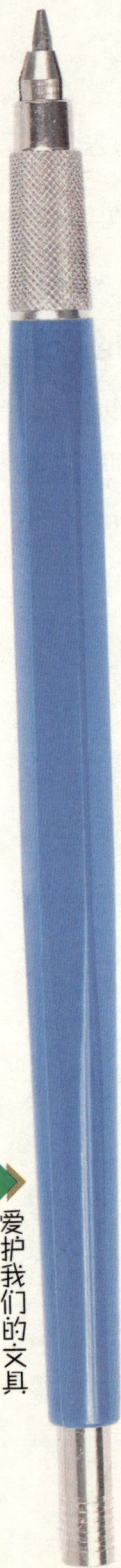

他渐渐地开始冷淡起我来，很少用我，可怕的一天终于来了，我主人的同桌突然对我主人说："你买的那支昂贵的钢笔，怎么现在还闪闪发光，你有什么办法可以让它变得不再发光吗？"我一听就知道他别有用心，心里不停地说：主人千万不要听他的话。可没想到主人真的把我那闪闪光的外衣用小刀给削掉了，从此我再也没有闪闪发光了。主人见我不再发光了，也不再那么好看，于是有一天把我扔进床底，让我在黑暗中度过了一生。

　　我在此建议主人们，以后请不要像对待我一样对待我的伙伴，不要再听别人的胡说伤害我的伙伴，同时也忠告我的主人以后要好好地保护文具。

　　同学们，听到文具的自述后，你有没有后悔你们曾经的行为啊？不好好地爱护手中的文具，不仅浪费钱财，更造成了资源的损耗。从今天起，请注意节约能源，爱护我们手中的文具吧！

▶ 爱护我们的文具

▲ 文具盒

改改习惯，
节能减碳

　　同学们，你们听说过小习惯大毛病吗？我们平时无意养成的小习惯，会浪费掉很多的宝贵资源，如果我们注意改正，就可以为地球、为国家省下很多的资源，节约更多的能源。

春回大地，万物复苏，百花齐放，百鸟争鸣。奇怪，知更鸟呢？躺在病床上的卡逊夫人望着窗外迷惑不解。知更鸟，外表俊俏，歌喉嘹亮，音色优美。

这位海洋生物学家不顾癌症的折磨与威胁，放弃治疗，历经千辛万苦，终于使真相大白，《寂静的春天》并由此诞生。《寂静的春天》不仅仅是本书，而是号角，是进军的号角，是人类吹响保护环境的号角。

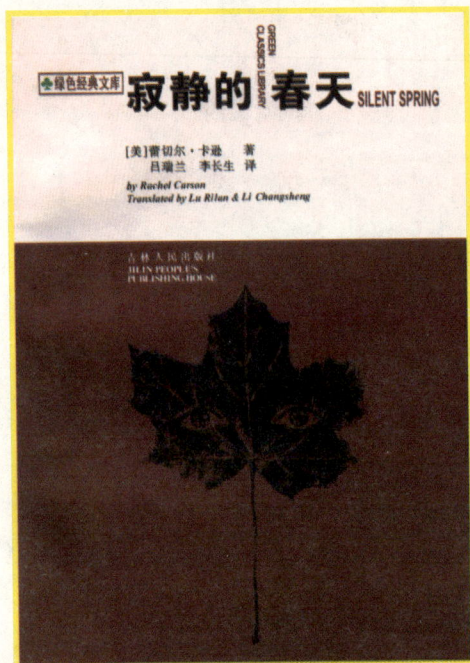

▲ 《寂静的春天》

自20世纪60年代后期《寂静的春天》发表以来，"生态文明"越来越被人们所关注。人类历经"原始文明"（那时的人们听任大自然的摆布）、"农业文明"（那时的人们开始种植养殖，人口不多，生产力有限，人类仍然从属于大自然）和"工业文明"……近300多年的工业革命，极大地解放了生产力，制造出了大量的奢侈消费品，它们琳琅满目，精致绝伦，功能卓越，人们的购买欲被大大激发；而完善的社会保障体系（如美国社会）又解除了后顾之忧，从而进一步加剧了人类的贪欲，于是奢侈成了时尚，攀比蔚然成风。

资源被过度消耗，环境被肆意践踏，地球已不堪重负，有识之士提出了社会发展应与大自然协调的"生态文明"理念。

　　然而，理念毕竟是理念。理念要是最终被停留在纸上或记忆里，再好的理念也没什么用。所以，"生态文明"从我做起，从现在做起，说起来容易做起来难，难就难在要"自律"。要自律，你就得中庸克己。要中庸，你就得不偏不颇，绞尽脑汁，反复权衡；要克己，你就得自己约束自己，自己对自己下狠心，自己战胜自己。所以说，自律难。自律是一个人进步和成熟的标志。

　　改改我们的饮食习惯，这将对遏制碳排放有更大的积极作用。2007年诺贝尔奖获得者拉金德拉·帕乔里呼吁人们少吃肉少喝奶，为控制地球暖化贡献自己的绵薄之力。所以我们改改自身习惯，对整个社会会

▲ 少吃肉类

有小小的推动作用，让我们每个人都尽一些绵薄之力来保护环境，节能减碳。

包装掉的能源

同学们喜欢逛街吗？看到商场里琳琅满目的商品会驻足不前吗？真正吸引你的是柜台里的商品，还是那围绕在它旁边的花哨的包装呢？

▲ 购物

随着人们物质生活水平的提高，人们对物品的要求越来越高，商家为了谋求更大的利润，便开始在包装上大费工夫，倾力打造一批批精美的包装，代销商品。

▲ 注重包装的物品

超市里的巧克力让你眼花缭乱，各式的包装体现了设计师们的独具匠心，也使厂家在包装上的大费周折，把一块巧克力从盒子里拿出来需要相当的功夫来拆开包装：先要从纸袋子里把盒子拿出来，撕开塑料包装皮，打开盖子，拿出里边的包装纸，再拆开包装巧克力的纸。

同样的一盒面霜也要从包装严实的纸盒子里一层层地把包装纸打开才能拿出来。这样包装不仅很奢侈，而且由于现在很多产品都是集中生产再送到超市里去销售，从钉子到土豆，想买到没有塑料或者纸张包装的东西变得越来越难了。包装纸本身对于购物者来说是没有任何价值的，他们通常都会马上把它们扔掉，无非是在家庭制造垃圾，那为什么还这样做呢？有些包装是有必要的，比如肉的包装；其余的，大部分都是为了竞争销售，其实这是很愚蠢的做法。

▲ 包装加工

包装占用稀缺能源和原材料，还会毁坏我们的环境。用于包装的原材料的成本也在一直上涨。据报道，在过去的两个月里大公司使用的玻璃罐和纸张已经增长30%，而塑料也已经增长了50%，而且这两项指标

▼ 将要成为废品的包装

仍然在上涨。

其他种类的包装对能源和原材料的消耗也没有做什么研究。例如地方政府为了节省用纸把废纸再加工，制造成装鸡蛋的盒，这不是很实用吗？难道再种出一片森林来会比这便宜吗？

无组织行为的原因之一很可能是因为每个人对包装行业关心的内容是不一致的。这么多人当然就会有自己不同的利益所在，这样就很难就如何做而达成一致共识。而且做包装的人也说：保护森林，不浪费，也不是他们所关心的。

地球是我们赖以生存的载体，是我们共同的家园，爱护地球，节约能源，人人有责，试问那些做包装的人，你们可以脱离地球，存活于宇宙之间吗？如果不能，请停下你们罪恶的双手，少制造一些地球垃圾。同时我们也要呼吁那些喜欢精美包装的人们，请不要再为那些彩色的垃圾破坏我们的地球。支持能源的节约，提起小水桶，拎起铁锹，为环境再配一个新的卫士，为未来积蓄一份新的能源，为绿化贡献一份力量，让我们的地球变得更美丽！

▼ 美丽家园